最受养殖户欢迎的精品图书

无公害奶牛标准化生产

第二版

樊航奇　张学炜　主编

中国农业出版社

内容提要

本书由天津市长期从事奶牛教学、科研、生产管理的专家编写，目的是在我国农村奶牛现有规模化生产基础上，面向未来，进一步落实奶牛养殖科学发展观，构建牛奶无公害标准化生产新体系。全书内容包括六个部分：标准化奶牛场建设、良种识别及选购、饲料配置及使用、饲养管理、卫生防疫与疾病防治、奶牛粪尿处理及环境控制。本书以翔实的实用技术、丰富的图片资料，通俗的语言和新颖的编排，力求给读者一个全新的感觉，使读者在轻松的氛围中获得奶牛科学养殖及无公害牛奶标准化生产的基本知识和技能。

本书适于广大农村基层技术员、奶牛场(小区)工作人员阅读，也可供农业院校师生及奶业科研人员参考。

本书有关用药的声明

兽医科学是一门不断发展的学问。用药安全注意事项必须遵守，但随着最新研究及临床经验的发展，知识也在不断更新，因此治疗方法及用药也必须或有必要做相应的调整。建议读者在使用每一种药物之前，要参阅厂家提供的产品说明以确认推荐的药物用量、用药方法、所需用药的时间及禁忌等。医生有责任根据经验和对患病动物的了解决定用药量及选择最佳治疗方案，出版社和作者对任何在治疗中所发生的对患病动物和/或财产所造成的损害不承担任何责任。

中国农业出版社

第二版编写人员

主　编　樊航奇　张学炜

副主编　李德林　张烜明

编　者　樊航奇（天津市畜牧兽医局）

张学炜（天津农学院）

李德林（天津嘉立荷牧业有限公司）

张烜明（天津嘉立荷牧业有限公司）

傅润亭（天津市农业科学院）

张国伟（天津市农业科学院）

刘连超（天津嘉立荷牧业有限公司）

第一版编写人员

主　编　傅润亭　樊航奇

副主编　张学炜　张国伟

编　者　傅润亭　樊航奇　张学炜

张国伟　刘连超　李德林

前　言

《无公害奶牛标准化生产》一书自出版以来，以其翔实的内容、实用的技术、丰富的图表资料、通俗的语言和新颖的编排赢得了广大读者的欢迎和喜爱，为提升我国无公害奶牛生产规模化、标准化、现代化技术水平，增加农民收入发挥了应有的作用。近年来，我国现代化奶牛生产快速发展，饲养方式、生产规模、经营理念、技术水平、设施设备等不断发生新的变化，食品安全、动物防疫、环境保护的条件要求越来越高，消费者对奶品质量也提出了更高的要求。原书中有的内容已不能适应新形势的需要，为此应中国农业出版社的邀请，我们组织当前从事奶牛生产、科研、教学、技术推广一线的专家教授，按照保持原书写作风格，跟进新形势发展需要的原则，对原书进行了修订，增加了新的内容和实例。对涉及食品安全、疫病防控、环境保护、兽药、饲料及饲料添加剂使用等有关内容，按照最新的国家法律法规进行了修改、补充和规范。

修改后的书稿，吸纳了国内外最新的技术成果和实践经验，内容突出现代奶牛生产实用技术的介绍和案例的分析示范，既有理论又有实践，科学性、规范性、实用性、可操作性更强，使读者一看就懂，一学就会，适合基层农技推广人员、现代奶牛场技术人员及农民实用技术培训学习使用，也可作为从事奶牛生产、科研、教学人员的参考书目。

本书的再版得到中国农业出版社和天津市畜牧兽医局领

导的大力支持，在此一并表示感谢！由于再版修订工作时间仓促，加之作者水平有限，有些新内容还有待考证和完善，疏漏和错误之处，恳请读者批评指正。

编　者

2013年7月14日于天津

目　录

第一章　标准化奶牛场建设

奶牛高产优质高效目标的实现，除了遗传及饲养管理因素外，牛场的生产环境也是主要影响因素之一。所以搞好奶牛场规划建设，为奶牛提供良好的环境，保障奶牛健康和生产的正常进行，是提高奶牛生产水平和养牛经济效益的重要措施。特别是随着规模化无公害奶牛场（小区）的发展，奶牛场标准化建设越来越重要。因此，在建场过程中，要按照无公害奶牛场标准化生产对产地环境的要求，科学选址，合理布局，精细建设，既要防止外界环境因素对牛场的影响，也要避免牛场对环境的污染。

一、场址的选择

新建奶牛场（小区）应根据当地政府城镇发展用地规划、畜牧业整体区域发展规划、资源可利用性、经济可行性以及兽医防疫、环保的总体要求，进行宏观选择。所选场址，要符合《中华人民共和国畜牧法》、《中华人民共和国动物防疫法》的要求，留有发展的余地，要考虑所选地块的历史、现状与未来。具体应遵循以下原则。

（一）社会联系

一是选址应符合国家环保法规的要求。禁止在生活饮用水水源保护区、风景名胜区、自然保护区的核心区及缓冲区建场；禁止在城市和城镇居民区、文教科研区、医疗等人口集中区建场；禁止在县级以上政府划定的禁养区建场。二是选址符合动物防疫和无公害食品安全的要求：①距城镇、学校、村庄等居民聚集点及公路、铁路等主要交通要道500米以上；②距有毒害的化工厂、畜产品加工厂、屠宰厂、医院、兽医院、同类饲养场等1500米以上；③水源、土壤、空气未被污染；④周围饲料资源尤其是可供利用的粗饲料资源丰富；⑤交通、通信网络、供电方便。

（二）地势

高燥、背风向阳、地下水位1米以下，地面平坦并略有缓坡，以北高南低，坡度1%～3%较为理想，最大不得超过25%。切不可建在低洼或风口处，以免汛期积水，造成排水困难及冬季防寒困难。场区占地面积可根据饲养规模、工艺和管理方式等确定，既要尽量节省土地，又要留有发展余地。一般牛场占地参数为每头奶牛占地50～70米^2，最多在100米^2。具体可参考表1-1、表1-2。

表1-1 600头规模奶牛场建筑面积和占地面积（米^2）

建筑分类	建筑名称	面积定额	建筑面积	建筑总面积
牛舍用房	成乳牛舍	400头×8	3 200	5 054（8.4/头）
	育成牛舍	60头×7	420	
	青年牛舍	60头×6.6	400	
	犊牛舍	80头×4.5	360	
	产牛舍	52头×9.5	494	
	病牛舍	10头×18	180	
辅助用房	挤奶厅		250	950（1.6/头）
	饲料车间		250	
	兽医室	16个牛位	80	
	车库	（另有青贮窖580）	100	
	冷冻机房		60	
	锅炉房		100	

（续）

建筑分类	建筑名称	面积定额	建筑面积	建筑总面积
辅助用房	变配电室		40	
	维修车间		70	
	办公室		100	
	食堂		200	700
	宿舍		300	（1/头）
	厕所、浴室		100	
场地面积	100/头×600头＝60000（总建筑面积6704）			

表 1-2　意大利 Gi&Gi 公司奶牛场建筑面积和场地面积（$米^2$）

成母牛数	400头	800头	1220头	2440头
占地面积	27 800 （70/头）	42 393 （53/头）	55 400 （45/头）	101 300 （42/头）
牛舍面积	3 315	3 925	6 989	13 980
辅助建筑面积	1 531	3 725	6 100	14 760
道路和场地	4 736	6 340	7 340	13 880

从表1-1、表1-2可以看出，国外牛场占地面积较国内小，且规模越大，头均所占面积指标也相应减小。

（三）地形

为便于建筑布局和管理，并节省建设投资，牛场地形要求开阔整齐，方形最为理想，避免狭长和多边形。场地形状不整，建筑难以合理布局，造成道路管线长度增加，还给场内日常运输、生产联系带来不便。

（四）水源

奶牛场每天的用水量很大，产奶牛需水量为 80～100 升/（头·天），干奶牛及后备牛为 40～60 升/（头·天），犊牛为 20～30 升/（头·天），工作人员为 20～40 升/（人·天）。加上冲刷清洗等用水，每头奶牛每天用水量在 150 升左右。所以在牛场选址时，要选择水源充足、水质良好、水源周围没有污染、取用方便的地方。一般水源有三个：一是地表水，主要包括来自江河、湖泊、水库、池塘的水；二是地下水，主要是井水和泉水；三是自来水，由城市统一供应的自来水。地下水和自来水使用安全，但自来水成本较高。

（五）土质

土质沙壤土最理想，沙土较适宜，黏土最不适。沙壤土土质松软，抗压性和透水性强，吸湿性、导热性小，毛细管作用弱。雨水、尿液不易积聚，雨后没有硬结、有利于牛舍及运动场的清洁与卫生干燥，有利于防止蹄病及其他疾病的发生。

（六）气象

要综合考虑当地的气象因素，如最高温度、最低温度、湿度、年降水量、主风向、风力等，以选择有利地势。

二、规划布局

标准化奶牛场应按照功能布局进行大的分区。一般包括 4 个功能区，即生活区、管理区、生产区和粪污处理区。布局应考虑地势、地形、风向、交通等，从人畜保健的角度出发，以建立最佳生产联系和卫生防疫条件来合理安排、布局各区位置，力求总体紧凑（图 1-1）。

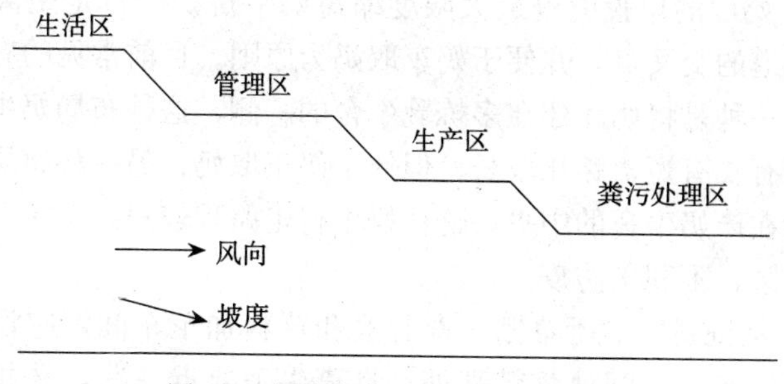

图 1-1　奶牛场各功能区分区示意图

（一）生活区规划布局

指职工生活住宅区。应设在牛场上风头和地势较高地段，并与生产区保持 100 米以远距离，以保证生活区良好的卫生环境。

（二）管理区规划布局

包括与经营管理、产品销售有关的建筑物。如办公室、食堂等。管理区要安排在生产区的上风，靠近牛场大门，并要和生产区严格分开，保持 50 米以上距离。外来人员、场外运输车辆只能在管理区活动，严禁进入生产区。

（三）生产区规划布局

该区是奶牛场的核心。应设在管理区的下风、粪污处理区的上风位置，要保证安全，安静。

1. 牛舍应安排在生产区的中心，要按泌乳牛舍、干乳牛舍、产房、犊牛舍、育成前期牛舍、育成后期牛舍顺序排列，合理布局。为便于采光和防风，牛舍的排列应采取长轴平行，坐北朝南。当牛舍超过 4 栋时，可两行并列配置，前后对齐，布局整齐。各牛舍之间要保持 30 米以上的距离，每排犊牛舍之间要有 5 米以上距离，以便防疫和防火。但也要适当集中，节约水电线路管道，缩短饲草饲料及粪便运输距离。

2. 奶厅的位置应以最大限度缩短奶牛挤奶的行走距离和减少与净道的交叉点，并便于奶车取奶为原则。目前常见的有两种布局，一种是将奶厅建在多栋乳牛舍的一侧，这种布局奶牛的行走距离有长有短，路比较长，但便于奶车取奶；另一种布局是将奶厅设在产奶牛舍的中央，这样奶牛行走路程较短，但奶车要进入生产区，不利于防疫。

3. 精饲料库、干草棚、青贮池和草料加工车间，应设在管理区与生产区之间地势较高处，且离牛舍要近一些，并相对集中，以兼顾饲料由场外运入及日常取料、送料等环节。干草棚与其他建筑物应保持 60 米防火距离。草料区布局最好按全混合日粮（TMR）生产、供应要求合理设计。

4. 生产区道路应与精粗饲料生产供应线路、奶牛挤奶移动线路、粪便处理线路及各个建筑之间的联系相吻合。饲喂通道要与 TMR 送料设备相匹配，清粪通道要与清粪机械相匹配，脏道和净道要严格分开，尽量避免交叉污染。兽医室应设在挤奶厅或产房附近，以便于常见病的及时治疗。

（四）粪尿污水处理区规划布局

设在生产区下风地势最低处，最好与生产区保持 100 米以上的卫生间距。大型牛场应在生产区下风距牛舍 300 米以上的地方单独建病牛隔离舍。

三、牛舍建筑设计

（一）牛舍建筑形式与结构

牛舍建筑常见的形式有单坡式、双坡式、钟楼式、圆顶式等。牛舍建筑的结构依据牛比较耐寒怕热的特点，我国南方牛舍建筑主要应考虑防暑问题，而北方特别是寒冷地区则重点应考虑防寒保暖问题。南北方在牛舍建筑的结构上，屋顶大同小异，所不同的主要表现在牛舍的墙体上。现介绍如下：

1. 单坡式牛舍 屋顶只有一面坡，四周围墙依气温而定，寒冷地区多采用封闭式。气温较高的地区可采用半开放式或开放式（凉棚式）。华北地区坐北朝南的牛舍屋顶南高北低，南面敞开，其他三面有墙，东西两端的墙开门，北墙留有窗户，靠近北墙一侧设有饲喂通道和食槽，南侧为牛床，牛床外接运动场（图1-2）。这种牛舍适用于饲养育成牛。

图 1-2 半开放单坡单列式牛舍

2. 双坡式牛舍 双坡式牛舍屋顶呈人字形结构。内部设计依拴系方式和散栏方式而不同（图 1-3、图 1-4）。

图 1-3 双坡双列拴系对尾式牛舍

图 1-4　双坡双列散栏对头式牛舍

3. 钟楼式牛舍　该牛舍是在双坡式牛舍的屋顶上加一个人字形盖的天窗，其他结构同双坡式牛舍（图 1-5）。钟楼式牛舍通风、除湿和采光效果好，但构造比较复杂，造价较高，多用于跨度较大的封闭式牛舍，适用于大型现代化奶牛生产。

图 1-5　钟楼式牛舍

（二）牛舍内平面布局

目前，国内奶牛饲养模式有两种，一是拴系式饲养模式，另一是散栏式饲养模式。

不同的饲养模式其牛舍内的布局也有所不同。

1. 拴系式牛舍内的平面布局 拴系式饲养是我国较早使用的传统饲养模式，期间经历了不同发展阶段。最传统的拴系式条件下，每头牛都有固定的牛床，除在运动场活动外，饲喂、挤奶、休息等均在牛舍内的牛床上进行。拴系的方法通常是直链式，用两条铁链，一长一短，长链长 130～150 厘米，下端固定于饲槽前壁，上端拴在一根横栏上；短链长 50 厘米，两端用两个铁环相扣穿在第一条长链上，奶牛吃草时短链可在长链上上下滑动。奶牛上槽吃草时，短链中间的挂钩可以轻松地勾住奶牛的鼻环，从而将奶牛拴系于牛床上，顺利完成采食、手工挤奶等作业，采食和挤奶结束后，奶牛后退即可卧于牛床休息和反刍。视天气情况将奶牛定时放到运动场休息，期间可完成牛床清粪、消毒等作业。该饲养模式的优点是奶牛上下左右转动头颈部，利于奶牛采食和卧床休息，同时由于奶牛是定位饲养，定人管理，能实现对高产奶牛的输精、治疗等特殊照顾，可充分发挥奶牛的高产潜力。缺点是奶牛牛床多是水泥地面，不利于奶牛肢蹄的保护；劳动强度大，生产效率低，挤奶方式落后，不利于提高牛奶质量。

拴系方式牛舍跨度小，牛舍四周墙体封闭程度依据当地气候而定，适合北方寒冷地区采用。此类牛舍两端设门，门的大小以进出牛舍的饲喂设备而定。两侧开窗设门通运动场，所设门窗数量、大小、位置以牛舍的长度和跨度而定（图 1-6）。气温较高的地区可建开放式或半开放式拴系牛舍，冬季风大气温低时，可在开放式牛舍的西、北、东三面加装挡风装置，如卷帘、篷布等。拴系式牛舍沿牛舍纵向布置两排牛床，适于中等饲养规模和跨度较大的牛舍。根据母牛站位方向的不同双列式牛舍又可分为对头双列式和对尾双列式。对尾双列式多在中间设挤奶、清粪通道，两边各设一喂料通道。由于拴系式牛舍奶牛挤奶在舍内牛床上进行，适合手工挤奶和管道式挤奶。

随着散栏式饲养技术的推行，有的传统奶牛场开始对拴系饲养方式进行改进，采食时利用钢管（颈枷）对奶牛进行固定，采

图 1-6 改进的双列对尾式拴系牛舍

用管道式挤奶机进行挤奶，奶牛挤奶后释放到运动场活动、休息。运动场设凉棚、补饲槽、水槽和盐槽，有的甚至在运动场为奶牛设置自由牛床，这是由拴系饲养向散栏饲养过渡的一种方式。改进的拴系牛舍便于管道挤奶、清粪、查看牛群发情和生殖道疾病，但不方便奶牛分群和 TMR 饲喂。

拴系式饲养奶牛在我国北方、南方规模较小的奶牛场仍有采用，需要注意的是要解决好奶牛休息和按大小分群的问题，给奶牛提供一个比较舒适的牛床并能实行个性化阶段饲养。

2. 散栏式牛舍内的平面布局 散栏式饲养模式是一种比较先进的饲养方式，它将奶牛的采食区、休息区、挤奶区、运动区分开，在产奶牛舍附近单独建挤奶厅（包括待挤区和贮奶区），奶牛可自由采食、自由活动、自由休息。其优点是能很好解决奶牛按阶段分群饲养的问题，利于集约化设施化管理；通过奶牛在采食区、休息区和挤奶区有序移动，使饲料、粪便、牛奶等分别在各区集中，减轻劳动强度，大幅度提高劳动生产率和牛奶质量，降低乳房炎等疾病的发病率；同时便于使饲喂、挤奶、清粪等工作实现专业化和机械化，提高技术水平。这种方式要求牛群有较大规模，要按产奶水平对奶牛进行严格分群饲养；对技术和工作人员的要求比较高。近年来散栏饲养方式已在我国规模化奶牛场广泛采用。

散栏式牛舍建造一般有成套的设计和要求，饲养密度要合理，每头成母牛所占面积不少于 10 米^2，育成牛和青年牛 5～8 米^2，犊牛 2.5～3 米^2。

牛舍墙面宜采用砖混结构，房顶采用彩钢板等放热材料。牛舍布局依次按犊牛舍、育成牛舍、青年牛和干奶牛舍、泌乳牛舍和产牛舍排列，方便奶牛群周转。

牛舍内必须具备饲喂走廊、可供休息的自由牛床以及可供饮水的水槽。目前主要有几种不同跨度的散栏牛舍。

按照牛床的列数分双列式、四列式、六列式散栏牛舍等，主要用于规模较大的牛场。常用的有四列式散栏牛舍。按照牛在牛床上的站位，四列式又分为四列对头式（图 1-7）和四列对尾式散栏牛舍布局（图 1-8）。四列对头式是将四列自由牛床按照头对头为一组，将两组对头牛床分设在牛舍两侧，牛床四周留有牛自由活动的通道。牛舍中间设饲喂通道，饲道两侧设饲槽及带自锁颈枷的牛栏，牛栏内为牛的采食区。四列对尾式除牛床按尾对尾布局外，其他布局同头对头式。对头式布局防暑效果优于防寒，适于气温较高的地区。对尾式有利于保暖，不利于防暑，适用于北方寒冷地区。

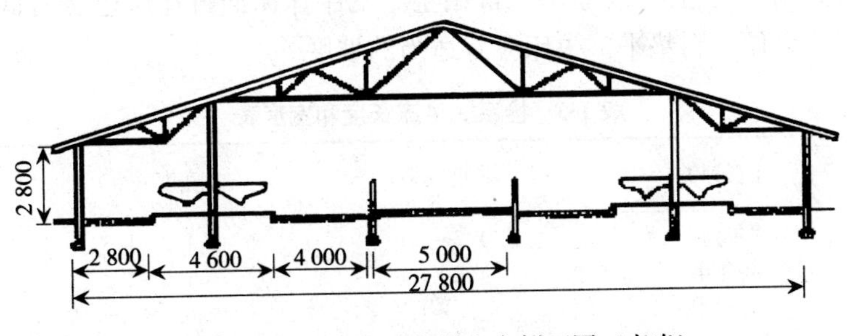

图 1-7　四列对头式散栏牛舍剖面图（毫米）

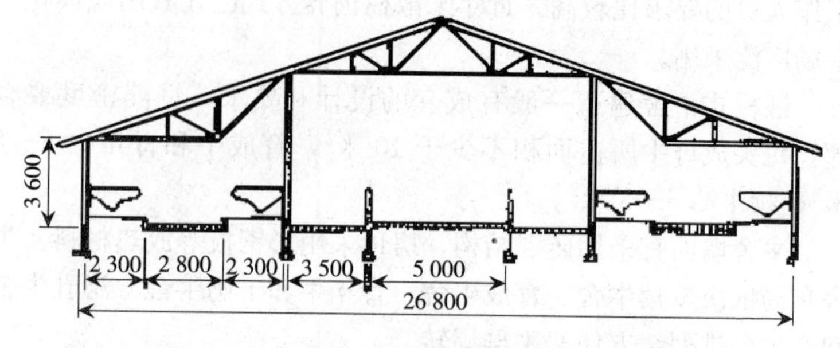

图 1-8　四列对尾式散栏牛舍剖面图（毫米）

（三）牛舍内的主要设施

1. 牛床　奶牛每天约有一半的时间在牛床上度过，特别是在拴系式饲养模式下，奶牛采食、挤奶、休息均在牛床上，所以必须为奶牛设计最舒适的牛床。总的要求是冬暖夏凉，干燥柔软，易于清洁消毒。牛床的大小要根据奶牛的品种、年龄和饲养方式而定，牛床长度要适中，不可过短，也不宜过长。过短，奶牛起卧受限，易伤乳房；过长则粪尿易污染牛床。

（1）拴系式牛床一般长 1.7～1.9 米，宽 1.2～1.3 米，坡度 1%～1.5%，牛床一般高于粪沟 5 厘米，详见表 1-3；

（2）散栏式牛床不同于拴系式牛床，需要单独建设，尺寸较传统牛床长，见表 1-4 和图 1-9，牛床隔栏高约为 100 厘米，牛床高出清粪通道 20 厘米，常用垫草的牛床床面可比床边缘略低点，以便垫料垫平。牛床应有适当的坡度。

表 1-3　拴系式牛床长度和宽度表

牛群种类	长度（米）	宽度（米）
成年奶牛	1.7～1.9	1.2～1.3
青年牛	1.6～1.8	1.0～1.2
育成牛	1.5～1.6	0.8～1.0
犊　牛	1.2～1.5	0.6

表 1-4　散栏式牛舍牛床的长度和宽度

品种类型	体重（千克）	长度（米）	宽度（米）
大　型	590～725	2.3～2.5	1.2～1.28
中　型	454～590	2.2～2.3	1.2～1.5
小　型	317～454	2.0～2.2	1.0～1.15

图 1-9　散栏式牛舍牛床设计

2. 饲槽　目前，奶牛的饲槽多采用饲喂走廊（图 1-10），牛槽的纵向长度与所设牛床的总宽度相等。拴系饲养条件下，每头牛所占的饲槽宽度和牛床宽度一致。散栏饲养条件下，每头成母牛所占饲槽宽度为 70～80 厘米，而每头成母牛牛床宽度为 1.2 米，因此要很好匹配饲槽与牛床的设计。饲槽要求坚固、光滑、耐磨、耐酸、便于洗刷。近年来奶牛场多采用地槽，即垫高饲喂通道 10～15 厘米，使槽底高于清粪通道地面 10～15 厘米，槽底比饲喂通道地面略低或平。地槽的特点：造价低，易于清洗，便于饲槽管理。

3. 供水设施　无论是拴系式饲养模式还是散栏饲养，都可在不同奶牛群之间设饮水槽（图 1-11）。饮水槽可以是一般的砖

图 1-10　散栏饲养条件下的饲喂走廊

图 1-11　保温水槽

混结构饮水槽，也可以是铁皮卷制的电加热保温水槽。

4. 颈枷　拴系式饲养，颈枷的作用是通过控制牛的颈部将牛固定在牛床上，不能乱动，以便控制牛采食、挤奶、定位排便等活动。颈枷有硬式和软式两种。硬式多采用钢管制成，即自锁颈枷。软式用铁链制成。目前不少散栏式饲养的牛场也在饲架上加上了自锁颈枷(图1-12)，以便于对牛群进行特殊管理，如分群饲喂、注射、直肠检查等。

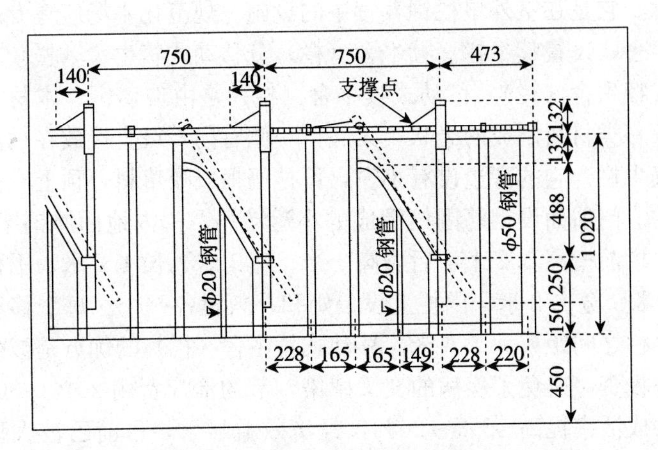

图 1-12　自锁颈枷尺寸图（毫米）

5. 喂料及清粪通道　饲料通道位于饲槽前，采用人工上料，对尾式布局通道宽度为 1.3 米，对头式通道宽度为 2 米；机械上料通道宽 3.6 米以上。

清粪通道也是奶牛进出的通道，比牛床低 10～15 厘米，地面以粗糙防滑为好。拴系式宽度一般为 1.6～2.0 米（对尾式牛舍通道较宽），散栏式一般为 2.8～2.9 米。

6. 粪尿沟　设在牛床和清粪道之间，通常为明沟，沟宽一般为 30～40 厘米，沟深 5～10 厘米，沟边沿应做成直角。如建深沟，沟上需加盖漏缝地板。为便于排水，沟底可留 1%坡度。

7. 地面　牛舍地面要求平坦、干燥、防滑、坚实耐用、排水畅通，适应牛舍机械作业的压力，耐受粪尿及各种消毒液的腐蚀。目前牛舍地面多为混凝土地面，牛活动的地面应做成粗面或略有文理以防滑。牛床上要铺碎稻草、麦秸等垫料，有条件的也可铺弹性好的橡胶垫。

(四) 不同种类牛舍建筑设计

1. 犊牛舍建筑设计　犊牛舍即犊牛岛或犊牛栏，如图 1-13

所示。它是在室外单栏饲养犊牛的设施。规范化牛场应建专用的犊牛舍，设置犊牛栏。犊牛舍（栏）分移动式犊牛舍（栏）和固定式犊牛舍（栏）。移动式犊牛舍（栏）是由玻璃钢、木材、塑料等一类材料制成的壳状，无底，一侧有门，可直接放在地面上的犊牛栏。它的旁边设有小窗，可挂奶桶或喂草料，顶上有排气开关。门前面设钢筋围栏围成的小运动场，栏内地面厚铺垫草。犊牛栏前檐高 1.2 米，后檐高 1 米、宽 1 米、长 1.2 米，围栏长 1.3 米、宽 1.2 米，围栏上设喂奶和补料栏各一个。每个移动式犊牛栏之间距离为 1.3 米。移动式犊牛舍（栏）的优点是减少了牛舍投资，避免了疾病的交叉感染，节约治疗费用 20%～30%，犊牛成活率提高 15%～20%，经济效益显著，目前已被大型牛场广泛采用。固定式犊牛舍（栏）与移动式犊牛舍（栏）的建筑尺寸、布局基本相同，所不同的是位置不可移动，所用建材多为砖和水泥搭建，每个犊牛舍一般都连在一起。犊牛舍（栏）的数量以成年母牛数的 10%左右为宜。犊牛舍（栏）的位置应设在牛场生产区靠近产房的上风处，要求地势高燥，冬季背风向阳，夏季通风良好。对隔热性能较差的犊牛栏，炎热季节要注意采取相应的遮阳措施。

大规模牛场将犊牛按大小分群，将稍大一些的犊牛采用散栏自由牛床式通栏群饲的办法，用颈枷固定犊牛。一般每栏5～15头，每头占地 1.8～2.5 米^2，通栏面积一半做牛床，一半做运动场。其他同单栏设置。

2. 育成牛、青年牛、成母牛舍建筑设计 育成牛、青年牛、成母牛的牛舍结构和舍内布局基本一致，一般牛舍下檐高 3.5～4.5 米，牛舍跨度 12～28 米，屋顶坡降为 1∶3 或 1∶4；牛舍长度 50～200 米，每栋饲养规模在 100～400 头成母牛。牛舍的结构及舍内布局参看前述有关内容。

3. 产房建筑设计 产房的结构和牛床、食槽、粪沟等设施与成牛舍相同，但产房的产圈需要单独设立。一般产房长 6 米、

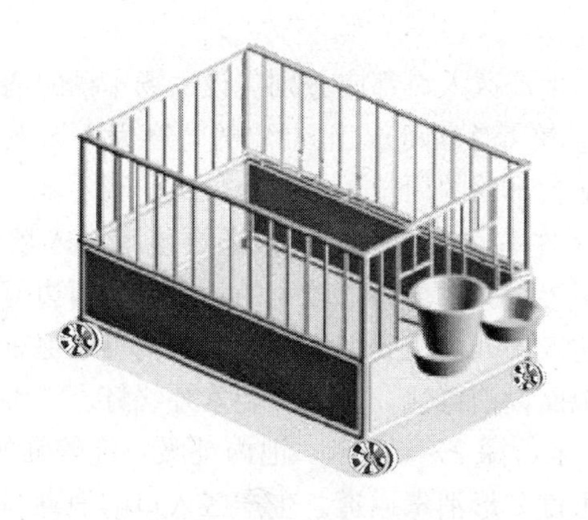

图 1-13　犊牛栏设计和外观

宽 4 米，墙角建一个高 30 厘米的半圆形饲料槽，安装饮水设备，并在槽中间设拴牛装置，使牛头对墙，牛尾向外，产圈三面设墙，一面设栅栏门。产房内牛床数可按成母牛数的 10%设置，产圈多少按成母牛数的 5‰设置。

四、奶牛场的配套建筑与设施

（一）防疫消毒设施

牛场四周应建围墙，有条件的也可修建防疫沟或种植树木形成生物隔离带。

牛场大门和生产区入口都应分别建设入场车辆的消毒池及入场人员的消毒通道（消毒间）。消毒池的宽度为入场最大车辆的宽度，长度为最大车轮的周长。一般池长不少于4米，宽不少于3米，深0.15米左右。消毒池的建筑还要能承载入场车辆的重量，耐酸碱，不渗水。牛场门口较宽的，消毒池两边至门两侧还应设栏杆，以防入场人员逃脱消毒。大门口消毒通道一般与门卫室并排建设，地面设消毒池，屋顶安装紫外线灯。消毒池一般长2米以上，宽1米，深3～4厘米，池内铺吸水性较强的消毒垫。条件允许的也可设S形消毒通道。生产区入口的消毒间除设紫外线灯、消毒池外，还应设更衣间，以便入场工作人员更衣换鞋。消毒池长2米以上，宽1米，深10厘米。

（二）挤奶厅

挤奶厅是散栏饲养方式下奶牛集中挤奶的场所。挤奶厅的建筑应包括：待挤圈、准备室、挤奶间、储奶间、机房、化验室等。待挤圈是奶牛等候挤奶的地方，与挤奶间相通，一般为长方形，其大小可按每头占地面积约3米^{2}计算。准备室是奶厅工作人员更衣换鞋，准备挤奶用具和药品的地方。挤奶间是清洗奶牛乳房和挤奶的地方，挤奶间设有挤奶台及通往牛舍的专用出口。

挤奶台分为坑道式和转盘式挤奶台（图1-14）等。坑道式挤奶厅按形状又可分为长方形、三角形、菱形和多边形。后几种都是在长方形的基础上为增加奶牛挤奶站位列数而发展的挤奶台（图1-15、图1-16）。

奶牛站位坑道式挤奶厅还分为鱼骨式挤奶台和并列式挤奶台。

鱼骨式挤奶台（图1-17）：挤奶牛站位与坑道成30°～60°夹角，形如鱼骨，称鱼骨式挤奶台。

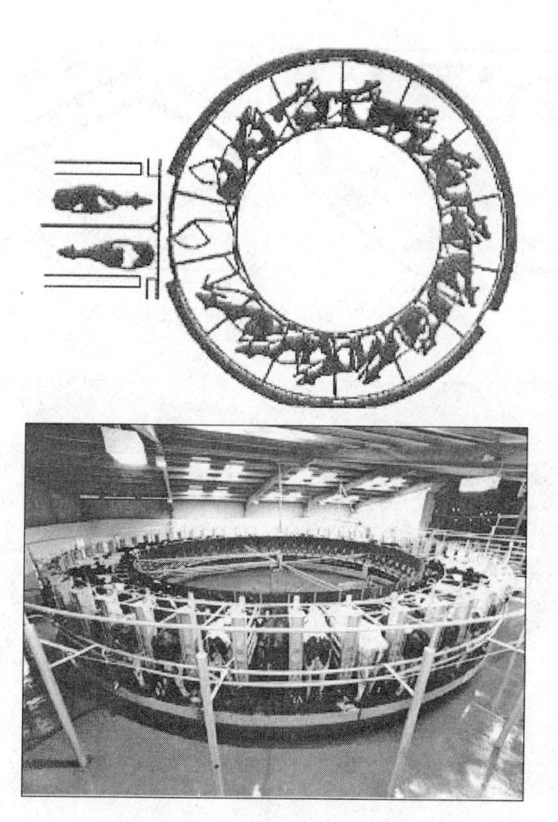

图 1-14　转盘式挤奶台

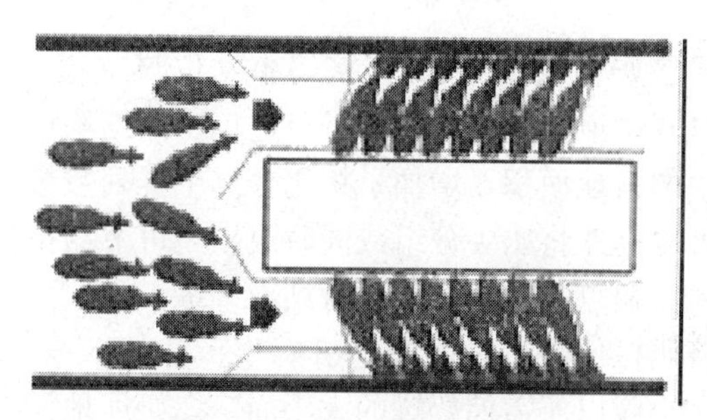

图 1-15　长方形坑道式挤奶台

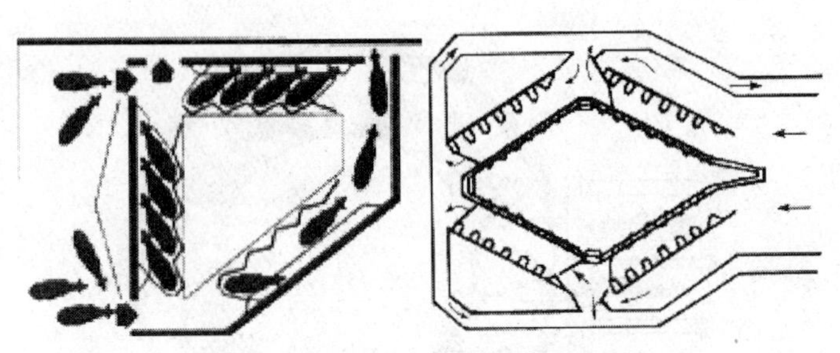
图 1-16　三角形和菱形坑道式挤奶台

图 1-17　鱼骨式挤奶台

并列式挤奶台（图 1-18）：挤奶牛站位与坑道成 90°角，即奶牛牛尾对着坑道。这样既保留了单进单出的结构形式，又减少了每头奶牛的占地面积，增加了挤奶台奶牛排列数量。此外，挤奶结束，可以迅速将奶牛分组或同时放出，可节约挤奶时间，提高挤奶效率。缺点是须对奶牛进行站位训练。

奶牛挤奶栏位数量一般按上机奶牛头数的 8%～10%计算；储奶间的大小应以所需储奶罐的大小而定。奶厅地面要防滑，特别是奶牛通道要粗糙，斜坡要砌成浅阶梯坡，坡度控制在 16%

图 1-18 并列式挤奶台

以下。奶厅墙壁及顶棚应光滑、整洁。

（三）运动场

运动场一般紧挨牛舍建设，单列式牛舍运动场多设在牛舍南侧，双列式设在牛舍两侧。运动场的面积既要能满足奶牛生产的需要，又要尽量节约用地，节省投入。一般为牛舍建筑面积的3～4倍，不同牛群运动场面积参数为：成乳牛25～30米^2，青年牛20～25米^2，育成牛15～20米^2，犊牛10米^2。

运动场地面总体要求平坦、干燥。地面可用砂性土堆建，为利于排水，中央应有适当的隆起，四周稍低，并设排水沟。运动场靠近牛舍一侧1/4～1/3的面积可用水泥铺设，水泥地面和泥土地面用栏杆隔开。土质地面干燥时开放，雨天或泥泞时关闭（图1-19）。运动场周围应设围栏，围栏包括横栏和栏柱，栏柱埋入地下0.5～0.6米，地上部分高1.2米，栏柱间距为3米。在栏柱地上部分0.6米和1.15米处各设一根横栏，以防奶牛越出。栏柱可用水泥柱，也可用废旧钢管，两种都比较耐用。围栏门通常用钢管横鞘，即大管套小管，作横向推拉开关。围栏门和牛舍门宽度基本一致。

图 1-19 带凉棚的运动场

运动场中间应设凉棚，棚顶高一般为3.5米，并应采用隔热性能好的材料。凉棚面积一般为成乳牛4～5米^2，青年牛、育成牛3～4米^2。

在运动场靠近道路边的围栏附近应设水槽和补饲槽，水槽一般宽 0.5～0.7 米，深 0.4 米，长度可按每头奶牛 0.15～0.2 米计算，每个水槽 3～5 米设立，水槽高 0.6～0.7 米。槽底应设排水孔。水槽一端设盛矿物盐的小槽，以供奶牛自由舔食。水槽周围奶牛站立处地面要硬化。运动场较大的也可设补饲槽，可将牛舍饲槽剩草放在补饲槽，让牛自由采食（图 1-20）。

图 1-20 运动场边的饮水槽及矿物补饲槽（或食槽）

（四）青贮窖

青贮窖的位置一般多放在生产区和管理区的结合部地势高燥，地面坚硬，地下水位低，靠近牛舍但远离水源和粪坑的地方。建筑要坚固结实，不透气，不漏水，内壁要光滑平坦。青贮窖分为地上、半地下、地下三种。地上、半地下窖一般以砖石砌成，水泥抹面。地下窖多在夯实的窖壁上铺一层塑料薄膜。采用何种形式要以地下水位和经济条件而定。青贮窖以长方形较实用，其开口处窖底标高要与饲料贮存加工区道路标高持平。窖底中 1/3 段坡降为 0，两头 1/3 段坡降为 0.2%～0.3%，地面承压 30 吨；窖墙高 2.5～3 米。内侧为混水墙，外侧为清水墙。两端开口，窖墙两个端头呈 45°抹角，开口并设收水井，内接收水管道（图 1-21）。青贮窖的容积根据奶牛饲养量、年青贮饲喂天数、日喂量及青贮单位体积重量而定。

图 1-21　青贮收获及制作

近年来，大规模奶牛场采用水泥地面平贮的方式，取得良好效果。

（五）绿化

牛场的绿化，不仅可改善场区的小气候，净化空气，美化环境，还具有防疫及防火的作用。为此必须与牛场的建设统一规划和布局。

牛场周边设场界林带作为生物隔离带，可种植乔木和灌木的混合林，如杨树、旱柳、河柳、紫穗槐等。场界的西北侧林带应加宽，至少种5行，以防风固沙。

场内各功能区之间设场区林带，以起到隔离和防火的作用，可栽种北京杨、柳、榆树等。

场内道路两旁，可用树冠整齐的乔木或亚乔木树种，靠近建筑物时，以不影响采光为原则选种树木。运动场周围种植遮阳树，但不宜种植过大树木，以免引来鸟类传播疾病。

五、奶牛场设备

（一）饲料加工设备

目前，奶牛场的饲料加工设备除精、粗饲料粉碎机、青贮切碎机外，规模较大的奶牛场及奶牛小区，已推广应用TMR饲料搅拌机饲养奶牛。在此主要对TMR饲料搅拌机做一简要介绍。

TMR日粮饲料搅拌机集取料、切割、搅拌和饲料投放于一体，并采用计算机控制技术，保证了TMR日粮的生产和使用。美国、以色列、加拿大、荷兰等奶业发达国家已普遍采用。我国起步较晚，但近年发展较快，特别是在规模化奶牛场已有不少场使用，效果显著。

1. TMR日粮饲料搅拌机的优点

（1）显著地提高了劳动生产率。每台饲料搅拌机可以节省饲养工人 25～30 人，并减轻了饲养员的劳动强度。

（2）饲料搅拌机中的切刀能够将打捆粗饲料切割成 2～2.5 厘米，与精饲料、各种添加剂、粉料搅拌混合均匀，奶牛不能择食，摄取的饲料营养更加全面，减少了瘤胃疾病、代谢病等疾病的发生，有利于奶牛健康。

（3）饲料搅拌机在切碎和搅拌过程中能保持各种饲料原有的营养价值，切割搅拌后的饲料适口性好，奶牛采食量大，营养全面，从而可提高奶牛产奶量 5%～10%。

（4）饲料搅拌机可到粗料存放地直接取料，可减少饲料浪费 5%～10%。

2. 饲料搅拌机

（1）固定式饲料搅拌机　固定式饲料搅拌机多采用卧式蛟龙，整套搅拌设备埋置于地下，以方便原料投放。但搅拌制作好的成品 TMR 饲料需要传送装置提升到地面一定高度，装载在送料车上送往各个牛群。固定式饲料搅拌机如图 1-22 和图 1-23 所示。

图 1-22　小规模奶牛场单组固定饲料搅拌机

从性能价格比考虑，投资小，经济实用，但自动化程度相对要低一些。

（2）移动式饲料搅拌机　移动式饲料搅拌机分为牵引式饲料搅拌机和自走式饲料搅拌机两种，如图 1-24。移动式自动化程

图 1-23　大规模奶牛场多组固定饲料搅拌机

度高，使用方便，送料时无需再匹配牵引车，但投资比较大。目前饲料搅拌机有国外进口的，也有国内生产的。搅拌机的大小以奶牛的饲养数量而定。规格有 5、7、9、12、15、19 米^3 等可供选择。

3. 使用饲料搅拌机时应注意的事项

（1）双列式牛舍应设计为头对头饲养方式，饲喂通道宽 4.5 米。

（2）进出搅拌机的牛舍门宽 4 米、高 3～3.4 米，且牛舍门前要留出 8～15 米的距离，以便于搅拌机出入。

（3）取精、粗饲料时，不要将铁片、硬物带入搅拌机内，以免损伤机器。粉碎不同饲料时，所用的粉碎速率不同，应按照机器使用说明严格掌握。

图 1-24　移动式饲料搅拌机

（二）挤奶储奶设备

1. 挤奶机　机器挤奶不仅可以降低劳动强度，提高劳动生产效率，而且可以提高牛奶产量和奶品质量。据调查，机械挤奶比人工挤奶可提高产奶量 3%～5%。

挤奶机有推车式、提桶式、管道式、坑道式、转盘式、平面式六种。推车式、提桶式、管道式是最早应用的三种挤奶设备，安装位置随牛栏而定，不用建专用挤奶厅，投资较小，但设备自动化程度低，劳动生产率低，原料奶质量难以保证，特别是推车式、提桶式挤奶，原料奶要经过多次倾倒，受环境污染较大，牛奶细菌数高，且奶的浪费较大，目前使用得越来越少。推车式主要用于牧区散放饲养和农区 5～20 头的小规模奶牛饲养户。提桶式挤奶机适用于70～80头牛群挤奶。管道式适用于100～200头的牛群挤奶。

坑道式、转盘式、平面式三种是后来发展的厅式挤奶设备，主要特点是单独设立挤奶厅，牛场的泌乳牛都集中在挤奶厅挤奶。优点是设备利用率和劳动生产率及牛奶质量大幅度提高。缺点是需单独建挤奶厅，一次性投资较大。这三种饲养方式适用于牛群规模较大的奶牛场和奶牛小区使用，其中以坑道式挤奶设备比较多见。特大型牛场，多采用转盘式挤奶设备。

2. 储奶设备 目前规模饲养的奶牛场、小区，绝大多数都采用全封闭卧式直冷罐储奶（图1-25），专用奶罐车送奶。全封闭卧式直冷罐采用直通式大面积蒸发板直接冷却，通过自动控制传感系统，可快速将原料奶从38℃左右降到4℃，并使牛奶始终处于预设的保鲜温度状态储存。直冷罐的大小主要以牛场产奶量的多少而定，一般应比实际需求大10％。

图1-25 全封闭卧式直冷储奶罐

直冷降温系统由制冷机组、冰水箱、板式换热器、储奶罐、受奶槽、泵等设备组成。选择直冷罐时，要求压缩机制冷效果好，高效节能。罐体采用优质不锈钢材料，内表面光滑，不生锈，符合卫生标准。内桶和外皮之间的聚氨酯发泡剂绝热层，根据 ISO 标准停电后 10 小时内保持牛奶温度在 5℃，持续 18 小时温度增加不超过 1.5℃，而且绝热层冬天可防止牛奶冻冰。

3. 快速制冷和热能回收系统 目前，现代标准化奶牛场开始将制冷降温罐改进为快速制冷和热能回收系统。该系统采用食品级的乙二醇和水混合作为冷媒，能够在很短的时间内将牛奶从 37℃冷却到 2～4℃，从而有效保证牛奶的质量。

系统主要组成如下：

（1）制冷压缩机组 将低温低压的氟利昂制冷剂气体压缩成高温高压的气体。

（2）冷凝机组 采用强制风冷，用来将高温高压的气体冷却成低温低压的液体。

（3）水帘式冷却箱（图 1-26） 将热的冷却液（冷媒）冷却。蒸发板的数量可依据实际制冷量的情况增减，添加非常方便。热的冷媒冷却液从冷却箱的顶部经过蒸发板流到底下的储液箱时被冷却。整个冷却箱是密封的。

图 1-26 水帘式冷却箱

（4）冷媒泵 将水帘式冷却箱中底部冷的冷媒泵出至板式换热器，经过板式换热器的换热后，变成热的冷媒返回至水帘式冷却箱的顶部。

（5）板式热交换器（图 1-27） 将牛奶从 37℃快速冷却到 2～4℃。由很多排列不一的不锈钢板片组成，牛奶和冷却液（或者水）在不同的相互隔绝的板片内按不同的方向流动，迅速将牛奶冷却。首先使用井水或自来水将牛奶预冷，然后再经过冷却液冷却，可以节省用电。

（6）热能回收器(图 1-28)：可以用来回收牛奶快速制冷器产生的热能，利用回收的热能加温热水，热水可以用来清洗挤奶台。

图 1-27　板式热交换器

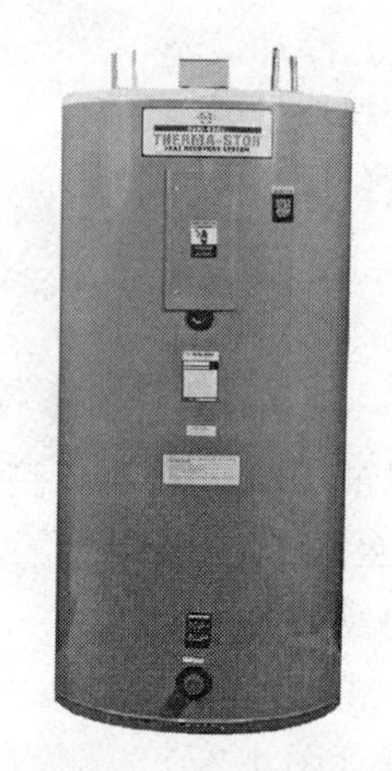

图 1-28　热能回收器

（三）饮水设备

1. 地温式自动饮水器（图 1-29）　地温式自动饮水器是利用地下温泉（地热）水温较高的特点修建的饮水井装置，水位可利用天然水压控制。外形制作成圆形，设多个饮水孔，孔上可以加盖活动的盖子，奶牛饮水时鼻端压下水盖即可饮用到干净饮水，饮水结束水盖上浮，可保证奶牛饮水的清洁。

图 1-29　地温式自动饮水器

2. 电加热饮水槽（图 1-30）　恒温水槽通常采用双层不锈钢板材料制成，双层之间空隙注入保温材料，一般外形为长方

图 1-30　电加热饮水槽

体，其规格长、宽、深分别为4000毫米、500毫米和400毫米。将8000瓦、36伏电加热管置于水槽水体底部，并通过温控器可将水槽中水的温度控制在10～15℃。水槽水位控制是利用电磁阀控制器或浮子装置与进水管相连，确保水槽水体随时达到设定深度，满足奶牛饮用温水的需要。

（四）清粪设备

包括自动刮粪板、铲车、吸浆泵等清理运输设备和粪便固液分离、沼气生产、沼气发电和堆肥发酵等处理设施。

（五）防暑降温设备

炎热地区夏季高温时节要在牛舍特别是通风欠佳的牛舍安装风扇和喷淋设备等降温设备。

六、天津市奶牛示范园区建设标准

（一）建设标准

为加强对现代奶牛示范园区建设的指导和管理，规范建设行为，保证示范园区建设顺利进行，根据《中华人民共和国畜牧法》、《中华人民共和国动物防疫法》、《天津市畜禽养殖管理办法》的有关规定，特制定本标准。

1. 园区选址 必须符合有关法律法规及当地城镇总体规划要求，园区所在地要求粗饲料资源丰富、水源充足，水质良好，无污染。距离交通要道、学校、居民区等500米以上，离其他规模养殖场、畜禽屠宰加工厂、化工和农药等有毒有害工厂1 500米以上。

2. 建设规模 奶牛存栏规模500头以上，牛场占地80亩* 以上。

---

* 亩为非法定计量单位，1亩＝1/15公顷。——编者注

3. 建设布局

（1）生产工艺　实行现代化散栏饲养或拴系饲养，按奶牛年龄和泌乳阶段分群饲养，TMR 统一饲喂。

（2）布局的总体原则　满足防疫卫生要求，符合生产工艺流程，便于运输、管理，提高生产效率和牛奶质量。

（3）布局的具体要求

①总体布局上做到生活管理区、生产区、污物处理区要严格分开，净道、脏道分开，按地势和主风向依次为生活管理区、生产区、污物处理区。

②各类建筑物布局要遵守卫生防疫及防火要求，生活区距生产区牛舍应不小于 50 米，各排牛舍之间相距不少于 40 米。每排犊牛舍之间相距不少于 5 米。

③饲喂通道要与 TMR 设备、清粪通道要与清粪机械相匹配，挤奶厅、挤奶机及贮奶设施要与奶牛场规模、每群头数相匹配。

4. 牛场建筑

（1）牛舍

①牛舍朝向、规格合乎标准化要求，饲养密度合理。牛舍建筑面积：每头成母牛所占面积最低 10 米^2，育成牛和青年牛 5～8 米^2，犊牛 2.5～3.0 米^2，每头牛运动场面积不少于 25 米^2。

②奶牛场地上建筑采用砖混结构，有条件的可使用彩钢板做房顶。选用总热阻值高的材料。外墙要刷适宜颜色涂料。

③奶牛园区要按标准建设，按类型依次分为产房、犊牛舍、育成牛舍、青年母牛舍、干奶牛舍、泌乳牛舍。按照犊牛、育成牛、青年母牛、成母牛的循环方式布局。

④散栏饲养的园区要建设双坡式奶牛舍，具备饲喂走廊和自由牛床两个功能，饲喂走廊和自由牛床应保证提供足够的牛位。

拴系饲养的园区建设双坡或单坡式牛舍。牛舍两侧（或一侧）要建设高质量的运动场，运动场外周为水泥地面，在运动场一侧要设立水槽和补盐槽；中间为隆起的土地面，在适当位置要建立相应面积的凉棚。

（2）基础设施　水、电、路三通设施完善，主要道路水泥硬化。

（3）防疫设施

①防疫屏障　园区周围应有围墙或防疫沟等其他有效屏障。

②消毒设施　大门入口处设置人员消毒通道、车辆消毒池。消毒池宽与大门相同，长等于进场机动车轮一周半长的水泥池。生产区二道门设人、车消毒设施，人员通道要有更衣、换鞋、洗手等消毒设施。有条件的园区可设淋浴室。

5. 主要设备　园区要配备全混合日粮（TMR）饲料搅拌机，饲喂走廊或休息区要安装通风等降温设备。要配有现代化挤奶及相应的储藏设备。配备现代信息管理设备。

6. 粪污处理　园区雨水和污水收集排放系统应当各自独立；粪尿储存设施、储存场所地面要硬化；园区应采取干清粪工艺，粪要日产日清，堆积后还田或供有机肥厂加工利用；园区排放的污水从暗沟集中到粪污处理区，经无害化处理后还田，对没有农作物消纳污水的园区，配套建设污水净化处理设施，净化后的污水要达到《畜禽养殖业污染物排放标准》。

7. 环境美化　园区要环境整洁，绿化要按照经济适用的原则，以灌木或低矮树木为主，不宜栽植高大树木。以种植绿化和饲用兼顾的牧草品种为宜。园区绿化面积原则上不低于30％。

8. 科学管理　建立奶牛养殖档案，对系谱、改良（DHI）、繁殖、挤奶、防疫和日常管理均有详细记录。配备专门的畜牧兽医专业技术人员。建立科学的免疫制度。

（二）标准附图

1. 平面布局图 天津市奶牛示范园区建设平面布局见图 1-31。

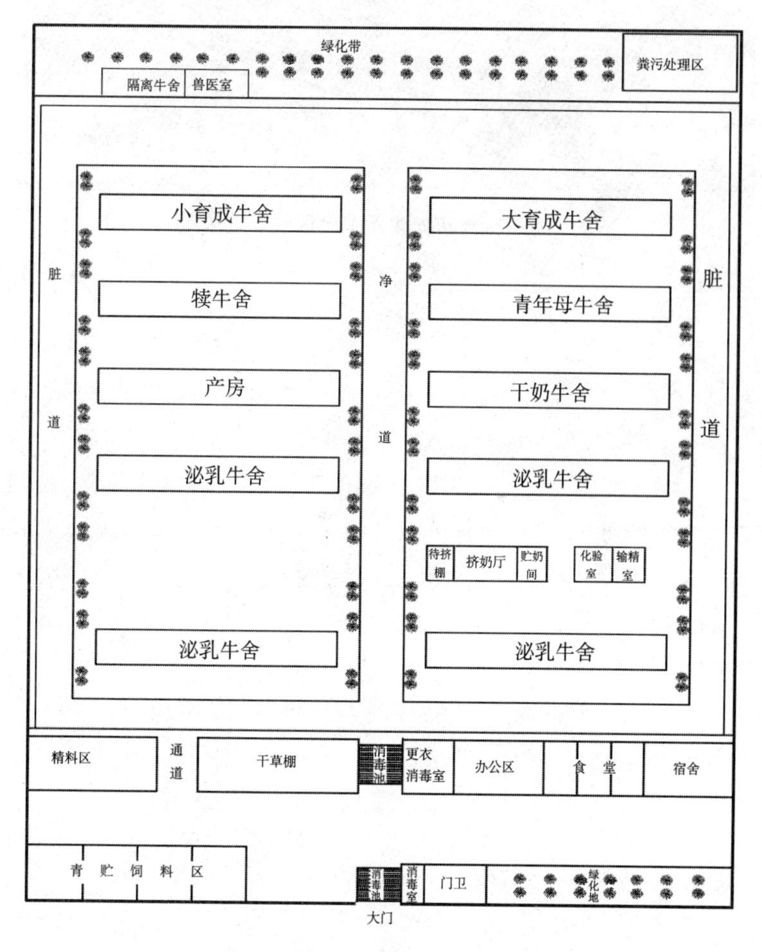

图 1-31 天津市 500 头奶牛标准化示范园区布局示意图

2. 立体效果图 天津市奶牛示范园区建设效果见图 1-32。

图 1-32 天津市奶牛示范园区建设效果图

第二章　良种识别及选购

本章主要讨论奶牛良种的识别、选购及改良的问题。众所周知，奶牛犹如为人类生产牛奶的机器，优良的品种和优秀的个体则是该机器的品牌和型号，它在夺取奶牛高产、高效经营活动中拥有30%～40%的贡献率。因此，我们在购买或饲养奶牛时，首先必须了解和熟悉这种机器的资源分布、规格类型、生产性能、内外构造等特征。许多农民朋友只知道养奶牛可赚钱，但对奶牛的品种却不甚了解，更不知道良种奶牛识别和购买的技巧，草率买牛，养了好长时间才知道买的是低产奶牛或有病的奶牛，因此蒙受了巨大损失。还有许多的农民养奶牛多年，对牛品种改良意识淡漠，只知道抓现场，而对未来奶牛群改良和发展措施不管不顾，长期在低水平徘徊重复，造成更大失误。

一、奶牛品种

（一）荷兰牛（Holstein Friesian）

1. 原产地　该牛因原产于荷兰而得名。荷兰牛又称荷斯坦·弗里生（Holstein Friesian）牛，因其毛色为黑白相间、界限分明的花片，故又称为黑白花牛。

2. 外貌特征　长期以来，在荷兰本地和欧洲其他国家选育而成的叫弗里生牛（Friesian），乳肉兼用，中小体型；而在美国育成的则叫荷斯坦牛（Holstein），为大型纯乳用型。该品种由于产奶量高，适应性强而输往世界各地，且在各国均冠以本国名称，如美国荷斯坦，加拿大荷斯坦、德国荷斯坦等。我国奶牛育种经历了漫长而复杂的过程，主要是引进国外优良奶牛基因和我国本地黄牛通过长期杂交改良、选育，直到 1987 年才宣告育成，并命名为中国黑白花奶牛，由于受到北美荷斯坦奶牛的影响最大，故 1992 年更名为中国荷斯坦奶牛。该品种具有典型的乳用型外貌特征，乳房和后躯极为发达，毛色以黑白花为主，也有红白花的。头部有白星，为明显的三大片特征（即颈、肩背和臀部为黑色），但四肢膝关节和飞节以下、尾梢少有黑毛（图 2-1）。

图 2-1　荷斯坦牛

3. 生产性能及用途　其乳用性能居世界各牛种之冠，尤以北美荷斯坦品种著名。荷兰牛年平均单产已达7 000千克，乳脂率 4%。而美国荷斯坦牛 2000 年平均产乳量已达8 388千克，乳脂率 3.6%。中国荷斯坦牛近年来平均单产逐年提高，平均年产奶量为5 000～8 000千克（不同地区有差异），高者达到10 000千克以上，乳脂率 3.4%以上，乳蛋白率 2.9%以上。另外，荷斯坦乳用公犊肥育作肉用，生产性能也良好，因此乳用公犊肥育在北美非常普遍。

（二）娟姗牛（Jersey）

1. 原产地 原产于英吉利海峡的娟姗岛，17 世纪培育而成，为一个专门化小型奶牛品种。

2. 外貌特征 体型较小，头轻而短，两眼间距宽，额部凹陷，耳大而薄，鬐甲狭窄，肩直立，胸浅，背线平坦，腹围大，尻长平宽，尾帚细长，四肢较细，全身肌肉清秀，皮肤单薄，乳房发育良好。毛色以栗褐色居多，鼻镜、舌与尾帚为黑色，鼻镜上部有浅灰色的毛圈（图 2-2）。

图 2-2 娟姗牛

3. 生产性能及用途 娟姗牛一般年均产奶量3 500～4 000千克，乳脂率平均为 5%～6%，个别牛甚至达 8%，乳蛋白率3.5%以上。同时，娟姗牛乳脂肪颜色偏黄，脂肪球大，易于分离，是加工优质奶油的理想原料。娟姗牛乳蛋白含量比荷斯坦奶牛高 20%左右，加工奶酪时，比普通牛奶的产量高 20%～25%，因此，娟姗牛有“奶酪王”的美誉。近年来，我国不少地区引进了该品种，发挥了一定作用。

（三）其他乳肉兼用品种

1. 西门塔尔牛（Simmental）

（1）原产地　原产于瑞士西部阿尔卑斯山的西门塔尔平原。最早于20世纪初引入我国内蒙古呼伦贝尔草原，现主要分布于东北和中原各省区，对我国三河牛的育成及中原黄牛的改良起到重要作用。

（2）外貌特征　当地以本品种选育而成，乳肉兼用，大型品种。毛色以黄白花和红白花为主。白头，黄眼圈，身躯常有白色胸带和肷带，腹部、尾梢、四肢在飞节和膝关节以下为白色（图2-3）。

图2-3　西门塔尔牛

（3）生产性能及用途　在瑞士和欧洲许多国家，该牛向乳用型发展，年平均产乳量在4 500千克以上，乳脂率4.0%。据统计数据表明，该品种在我国表现也良好，各胎次平均产奶量达4 418千克，乳脂率为4.0%～4.2%，乳蛋白率为3.5%～3.9%。

2. 瑞士褐牛（Brown Swiss）

（1）原产地　原产于瑞士阿尔卑斯山东南部，为乳肉兼用型品种。

（2）外貌特征　瑞士褐牛于19世纪80年代以当地品种经培育育成，之后输出世界各地，美国、加拿大、俄罗斯、德国、奥地利以及我国均有饲养。该品种全身毛色为褐色，深浅因分布及个体不同而异。共同特征是鼻、舌为黑色，在鼻镜四周有一浅色或白色带，角尖、尾尖及蹄为黑色。

（3）生产性能及用途　平均单产4 000～6 000千克，乳脂率3.6%～4.0%。该品种适应性能良好，乳用型明显，适合机器挤奶，很多地区均可饲养，抗病力强，饲料报酬高。

3. 乳用短角牛（Shorthorn）

（1）原产地　原产地为英格兰。于20世纪70年代引入我国内蒙古，现主要分布于内蒙古、吉林和河北等省区，对我国草原红牛的育成及北方黄牛的改良起到重要作用。

（2）外貌特征　体型较大，毛色以紫红为主，红白花次之。沙色较少，个别全白。我国引入的为兼用型。

（3）生产性能及用途　乳用短角牛在美国产奶量为4 020千克，乳脂率为3.58%。在我国其乳用短角牛平均产乳量达3 500～3 800千克，乳脂率为4.0%～4.2%。

二、奶牛的体型与外貌鉴定

（一）奶牛的体型结构

牛体大致可分为四大部分：头颈部、躯干部、乳房部和四肢部（图2-4）。

1. 头颈部　在身体的最前端，以鬐甲前缘和肩端之连线与前躯分界。头部以头骨为基础，并以枕骨脊与颈部分界。颈部则以颈椎为基础。头部是奶牛神经中枢所在地，其表分布有口、鼻、眼、耳等重要器官。颈部是头部神经、血管及咽喉通往躯体之要道。因此，头颈部对奶牛来说其重要性不言自明。

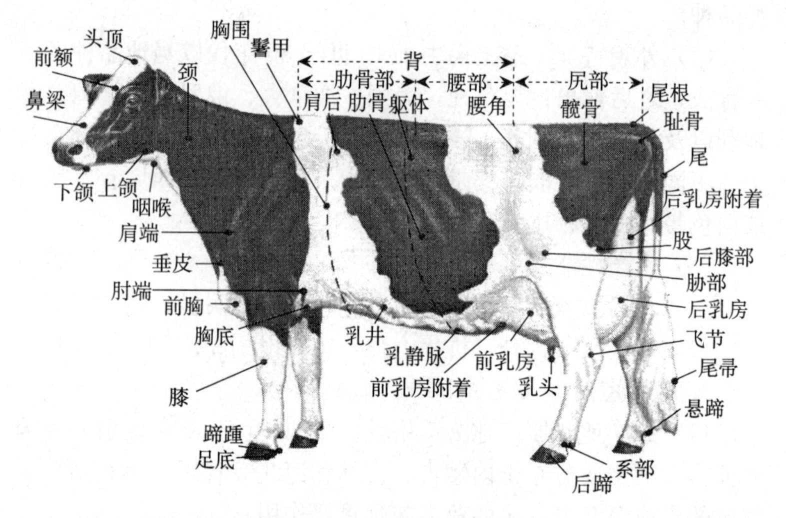

图 2-4　奶牛体型结构部位

2. 躯干部　又分为前躯、中躯和后躯，是奶牛心、肺、肝、脾、肾、胃、肠等各种内脏器官和繁殖器官所在地。

（1）前躯　在颈之后，包括鬐甲、肩部和胸部等体表部位，分别以鬐甲部位之背椎（第 2 至第 6 椎骨）、肩胛骨、胸骨为基础。

（2）中躯　为肩部之后，腰角与乳房前缘之前的中间躯段。包括背部、肋部、腰部、肷部和腹部等体表部位，分别以背椎（第 7 至第 13 椎骨）、肋骨、腰椎（6 个）为基础，腹部无特殊的硬骨支持。

（3）后躯　以腰角和乳房的前缘而与中躯分界，包括尻、臀及尾等体表部位。分别以荐椎和骨盆、髋骨、耻骨、坐骨和尾骨为基础。

3. 乳房部　位于后躯腹壁之下，夹于两后肢之间较突出的体表部位，分前后左右四个乳区，每个乳区各有一个乳头向外开口。乳腺由乳房的皮肤和中悬韧带等结缔组织固定，而无骨骼支持。它是奶牛的泌乳器官。

4. 肢蹄部 分前肢和后肢两部分。前肢以前臂骨、管骨、腕骨、指骨等骨为基础；后肢以股骨、胫骨、跗骨、跖骨、趾骨等为基础。

另外，覆盖于牛全身体表的皮肤和被毛也是牛重要的外貌特征，其毛色、花片、被毛密度及粗糙程度是品种、用途和性别的重要标志。

（二）奶牛的外貌特征

外貌是奶牛生产性能的外部表现，不同生产类型的牛，都有与其生产性能相适应的外貌。就奶牛而言有以下外貌特征：

1. 从整体看 奶牛皮薄骨细，血管暴露，被毛细短而有光泽，肌肉不甚发达，皮下脂肪沉积不多，胸腹宽深，后躯和乳房十分发达，细致紧凑型表现明显，从侧面、前面、上面看皆呈现出楔形结构。

（1）侧望 背线和胸腹底线相交，构成前轻后重、前浅后深（相对而言）的楔形。表明奶牛的消化系统、生殖系统和泌乳系统发育良好，产乳量高。

（2）前望 由鬐甲顶点分别向左右两肩下方作直线，与胸部底线相交，构成楔形。也表明奶牛鬐甲及肩部肌肉附着不多，胸部宽阔，心肺发达。

（3）上望 由鬐甲顶点分别向左右两腰角作直线，与两腰角连线相交，构成楔形。也表明奶牛的后躯即生殖系统和泌乳系统发育良好，产乳量高。

2. 从局部看 奶牛最主要的部位为乳房和尻部。

（1）乳房 为奶牛泌乳的特征性器官。高产奶牛的乳房一般呈浴盆状，结实地附着于尻部下方。四乳区发育均匀而对称，且充分前伸、后延。乳静脉弯曲而明显，乳头大小适中、呈圆柱状，乳房皮肤细薄而毛稀少。内部结构柔软，腺体组织应占

75%～80%，为腺质乳房。乳井粗大且深。

（2）尻部　与生殖器官和乳房的形状密切相关。高产奶牛一般表现长、平、宽、方。尖尻、斜尻不符合奶牛高产的要求。

（三）奶牛的外貌评定

如果从奶牛引种和选种的角度考虑，奶牛的外貌评定应包括三个方面的内容：①奶牛的体型外貌评定；②奶牛的年龄（胎次）鉴定；③奶牛的体尺测量和体重估测。忽视其中任何一方面将会给生产带来相应的麻烦。

1. 奶牛体型外貌评定　当前，我国奶牛体型评定普遍推行的是我国传统的奶牛体型理想型评分法和美国（50分制）、加拿大（9分制）奶牛体型线性评分法，本书因篇幅所限不能详细介绍，读者可参考相应的专著或教材。通过生产调查我们发现，前者由于过于笼统且受评定者个人审评标准的影响较大，其结果准确性较差；后者则因为评定、计算过于复杂且对评定者技术水平要求较高，除了少数国有奶牛场能按要求坚持评定以外，大多数个体奶牛场或个体户则望尘莫及，流于形式。为了便于我国奶牛初学者能快速掌握评定奶牛的要领，现介绍由美国Sara Brantmeier总结的101评定法（Judging 101：A Beginner's Guide…）。该方法在美国始于1957年，起初的目的是尽量简化评定程序，以使农村青少年（9～19岁）通过学习和实践便可轻松掌握，促进其4H［脑（head）、心（heart）、手（hand）及健康（health）］的同步发展，并称之为奶牛评分101。

该方法总体上包括乳房、乳用特征、肢蹄、体躯骨架、体躯容积五个部分。各个部分由不同的性状组成，评定的具体要求如下。

（1）乳房评定　乳房是决定奶牛高产与否和生产寿命长短的重要部位。在奶牛体型评定中，乳房的评定最为重要，其权重占40%。乳房评定的性状有：乳房深度、中悬韧带、乳头配置、乳头大小和形状、后乳房宽度、后乳房高度、前乳房附着、乳房的匀称度和质地。

①乳房深度　乳房深度是指乳房底面与飞节水平面的相对高度。这对较年轻的奶牛而言更为重要，因为随着胎次的增加乳房有下垂的趋势。较高的乳房有利于奶牛的运动和起卧。而且，奶牛乳房越高，或奶牛越年轻，乳房就越清洁，越有助于防止乳房炎的发生。如图 2-5，A 牛的乳房高于 B 牛，所以该性状的评定 A 牛优于 B 牛。一般，乳房底面在飞节水平面以上 5～10 厘米为最佳。

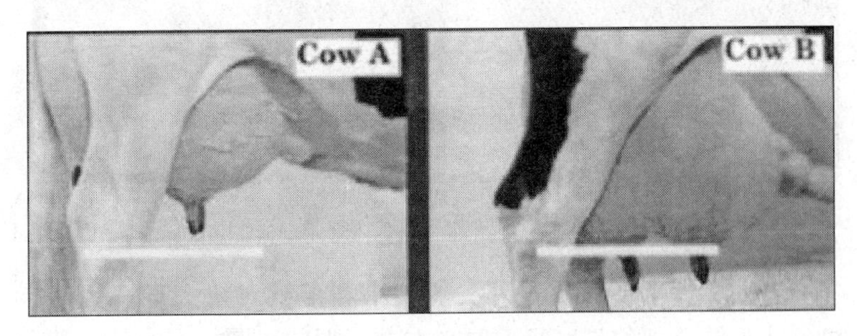

图 2-5　奶牛的乳房深度

②中悬韧带　中悬韧带又称中央韧带，它将乳房分隔成左右两半。一个强的中悬韧带从外观上可以看出明显的乳沟。乳沟越深越明显越好，表明乳房充分前伸后延。如图 2-6，A 牛的中悬韧带比 B 牛的强得多，因此该性状的评定 A 牛优于 B 牛。

图 2-6　奶牛的中悬韧带

③乳头配置　乳头配置是与乳房沟紧密相连的一个性状。通常中悬韧带强，其乳头配置也较合理。乳头配置合理的奶牛，在奶牛行走时不易伤到乳头，乳房炎的发生概率也小。较合理的乳头配置应是：乳头以方阵配置于每个乳区，从侧面和后面看，应垂直且稍向里倾。如图 2-7，A 牛的乳头配置非常合理，而 B 牛的乳头外伸，很容易受伤害。

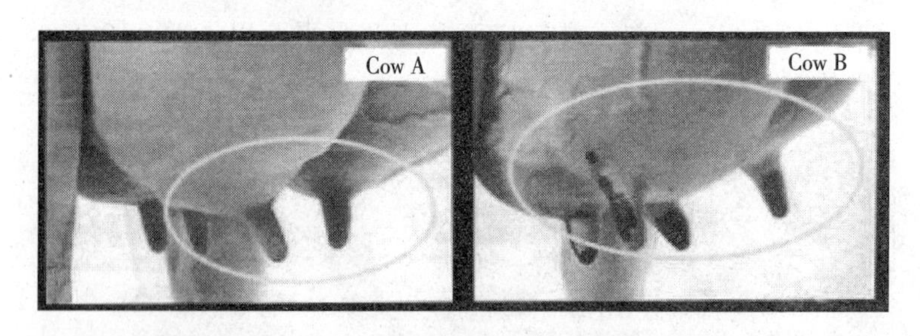

图 2-7　奶牛的乳房配置

④乳头大小及形状　乳头的大小和形状对挤奶有一定的影响。乳头较合理的长度是 6 厘米左右，形状以圆柱形为佳。四个乳头应大小相似，间距相当。乳头过长或过短、间距过大或过小在挤奶时都会带来麻烦。如图 2-8，A 牛的乳头太长，B 牛的又太短，C 牛的乳头大小及形状最合理。

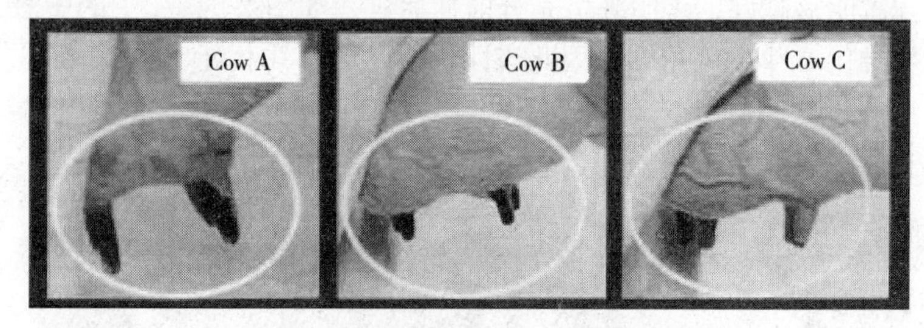

图 2-8　奶牛的乳头大小及形状

⑤后乳房宽度　后乳房宽度指后乳区上部的宽度。该性状评定的是后乳区两反转点的距离。后乳房越宽，乳房容积越大，产

奶越多。如图 2-9，我们会发现 A 牛的后乳房宽度大于 B 牛的，该性状 A 牛优于 B 牛。

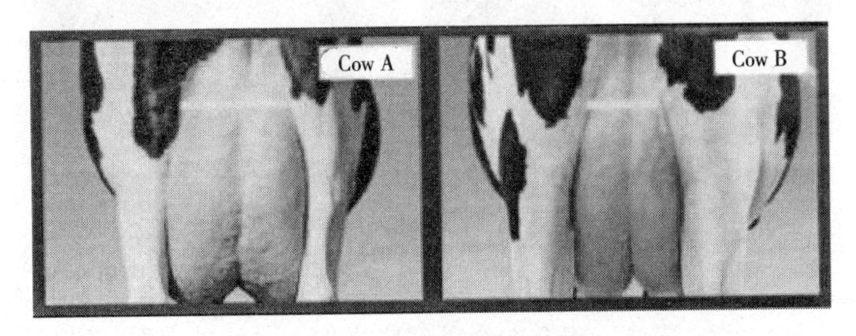

图 2-9　奶牛的后乳房宽度

⑥后乳房高度　后乳房高度是奶牛另一个潜在的产奶能力的标志。后乳房高度越高，乳房容纳的奶越多。该性状可以从乳房的反转点进行评定。从图 2-10 中可以看出 A 牛的后乳房比 B 牛的高许多，A 牛潜在的产奶能力比 B 牛强。

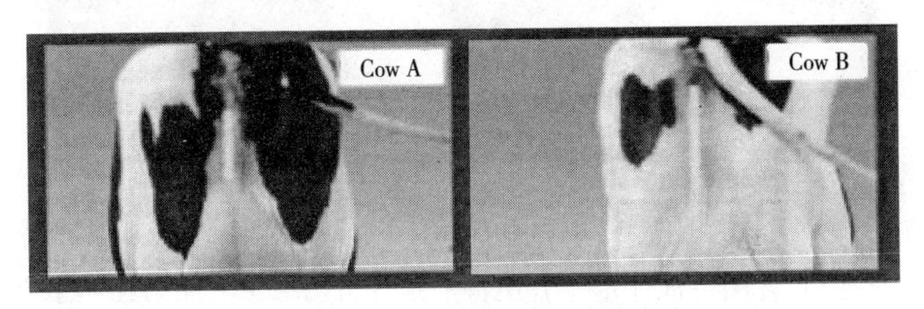

图 2-10　奶牛的后乳房高度

⑦前乳房附着　前乳房附着是乳房附着于体壁的区域，是指乳房应以适当的长度和大的容积牢固地附着于体壁。较理想的状况是长而光滑的前乳房附着。如图 2-11，比较 A、B 两牛可见，A 牛的附着是连续（逐渐）向前向上的曲线，是很理想的附着；而 B 牛的前乳房突然向上，是很差的附着。前后乳房的附着非常重要，它反映奶牛乳房向前后延伸的情况，因此应确保正确分析该性状。

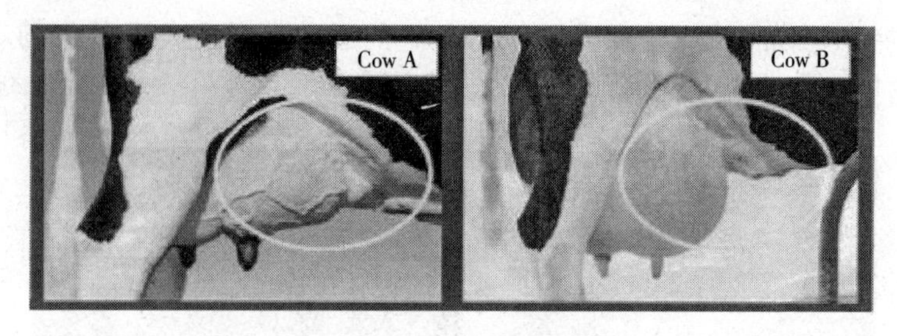

图 2-11 奶牛的前乳房附着

⑧乳房的匀称度和质地 侧观时，乳房底部应平坦，应当略显二等分或四等分，所有四个乳区应当均衡。从外表看，乳房应柔软，有韧性，挤奶后充分塌陷（萎缩）。如图 2-12，A 牛的乳房较均衡，B 牛的乳房则不佳且不均衡。

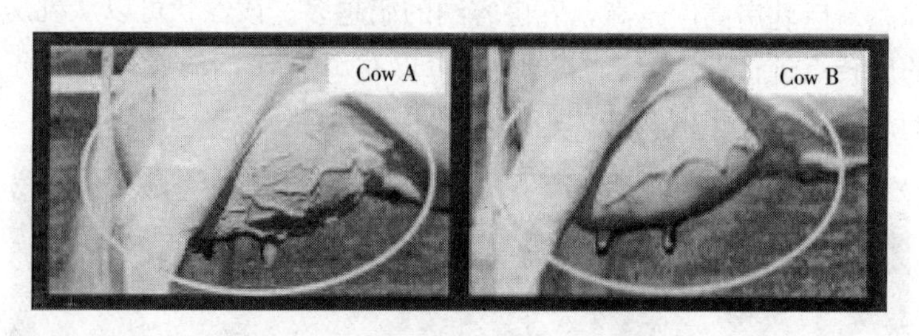

图 2-12 奶牛乳房的匀称度和质地

（2）乳用特征评定 乳用特征是评价奶牛泌乳能力在体型方面的根据，是预测奶牛在泌乳期产奶量的又一重要线索。乳用特征的评定比乳房的评定困难，乳用特征不明确。但乳用特征的评定仅次于乳房，居第二位，其权重占 20%。乳用特征主要包括：肋骨的开张性，大腿（股），鬐甲和颈部，皮肤。乳用特征提供了整体的开张程度、棱角度、强壮度、骨骼的平滑程度及粗糙程度，应考虑泌乳期的不同阶段。

①肋骨的开张性 该性状指两肋骨之间的距离，以及肋骨的延伸弯曲程度。肋骨应该宽、平、深、分隔较宽，且向后倾斜。

肋骨应向后弯曲延伸直到奶牛的后部，而非垂直向下。如图 2-13，A 牛非常开阔，肋骨非常突出，向后延伸到后躯，使奶牛整体更深更开阔。B 牛的肋骨很紧，没有深而开张的外表。

图 2-13　奶牛肋骨的开张性

②大腿（股）　一头乳用特征明显的奶牛，其大腿的特点是：瘦，弯曲而且平坦，后观两腿分开较宽，与肋骨相似。具备这样特点的奶牛可采食更多的饲料，产更多的牛奶。如图 2-14，A 牛有干燥、弯曲的大腿，而 B 牛在这一部位则有许多赘肉。

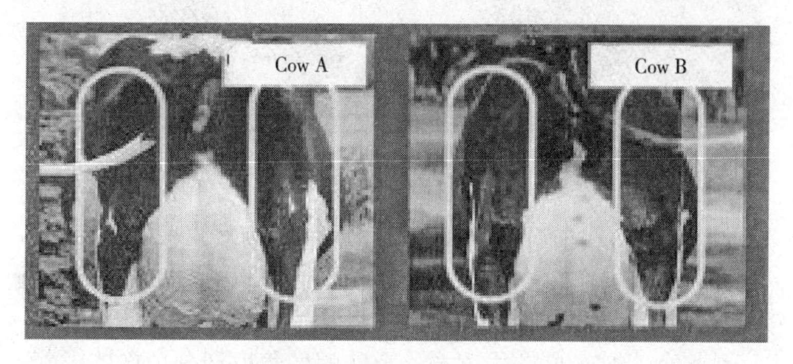

图 2-14　奶牛的大腿（股）

③鬐甲和颈部　鬐甲应该尖；脊骨也应干燥而突出；颈部长，瘦，颈肩结合部弯曲平滑，喉部轮廓明显。如图 2-15，A 牛脊柱和颈部更突出、干燥，B 牛则平坦粗糙，表现有过多的赘肉。

图 2-15 奶牛的鬐甲和颈部

④皮肤 皮肤应该薄，松弛且有弹性，不能厚而多肉。一个皮薄而有弹性的牛，显得更光滑、有棱角性。如图 2-16，A 牛有更为柔软的皮肤，而 B 牛则较粗糙。

图 2-16 奶牛的皮肤

（3）肢蹄 肢蹄对奶牛的健康和运动能力有重要的作用，从而影响奶牛的寿命和产奶量。肢蹄的评定也非常重要，其权重占 15%。肢蹄的评定应集中在蹄、后肢侧视、后肢后观、飞节和系部。

①肢蹄 好的肢蹄应该有一个陡峭的角度和一个深的蹄踵，而且蹄较短，呈圆形，蹄叉紧。蹄角度是指蹄趾与地面形成的角度。如图 2-17，A 牛的蹄角度最理想，B 牛居中，C 牛的蹄角度最差。

②后肢侧视 一头牛在牛群中的生产寿命长短，飞节起了很

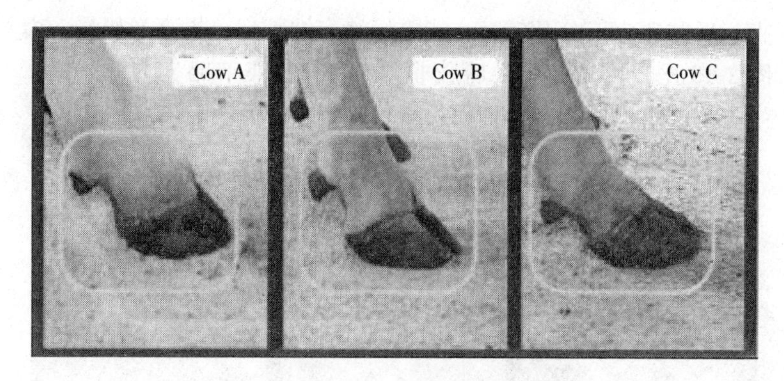

图 2-17　奶牛的肢蹄

大的作用。直飞的奶牛生产寿命往往较短，这是因为它很难应付日复一日的行走所带来的身体震颤；另一方面，如果飞节过于弯曲，奶牛将不能很好地平衡身体，前踏会引起后肢过于负重而导致痉挛，失去运动能力；而后踏则使奶牛过于疲劳，影响站立和采食。因此，我们要求飞节的角度适当，使两个后蹄应方正地落于奶牛的髋部下方。如图 2-18，A 牛因飞节太弯曲而非常疲倦，B 牛的飞节装置较合理，而 C 牛的飞节又太直也容易疲劳。一般以 145°为最佳。

③后肢后观　后肢后观的评价主要看后腿的曲直。在自然状态下，飞节应直，正对后方。趾的方向也有助于确定后腿的曲

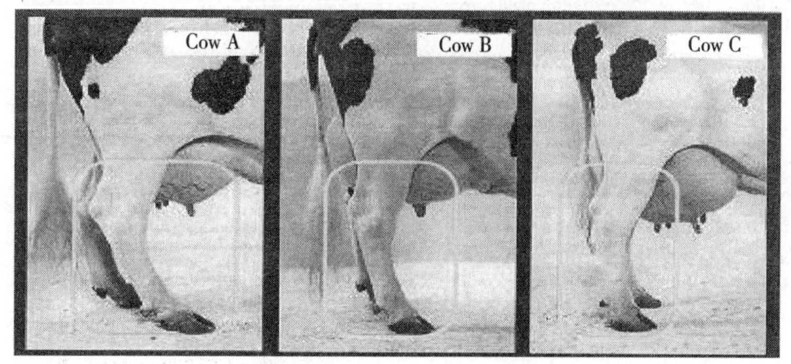

图 2-18　奶牛的后肢侧视

直。后肢还应该分开较宽，能更好地容纳乳房，提高产奶量。由图 2-19 比较可知，A 牛后肢非常直，B 牛飞节略向内倾，而 C 牛飞节严重内倾，趾外伸而很难负重。

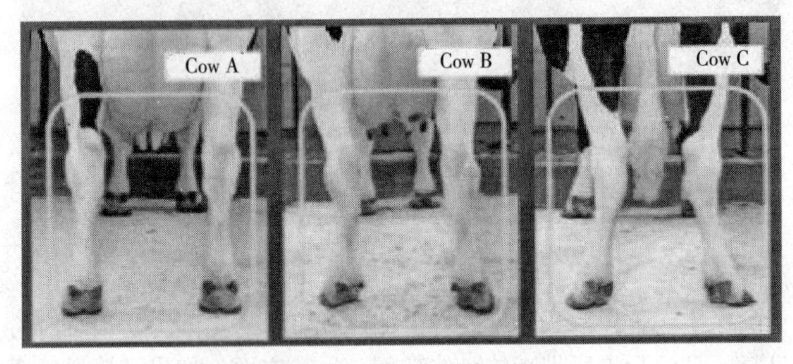

图 2-19　奶牛的后肢后视

④飞节和系部　观看后肢，飞节很重要。飞节应当干燥而优美，不粗糙，不肿大，有充分的灵活性。图 2-20 中，A 牛的飞节干燥、优美，而 B 牛的则粗糙、肿胀。系部指后腿悬蹄与蹄踵之间的部位，可以保持肢蹄健康和运动能力。其要求是短，结实，有一定的灵活性。C 牛有一个强健的系部，而 D 牛系部太弱且太长。

（4）体躯骨架的评定　体躯骨架在奶牛寿命和长期盈利方面具有重要作用，在评定中其权重占 15%。体躯骨架的评定包括体尺、尻部、肩部、强壮度、背部及品种特性等。

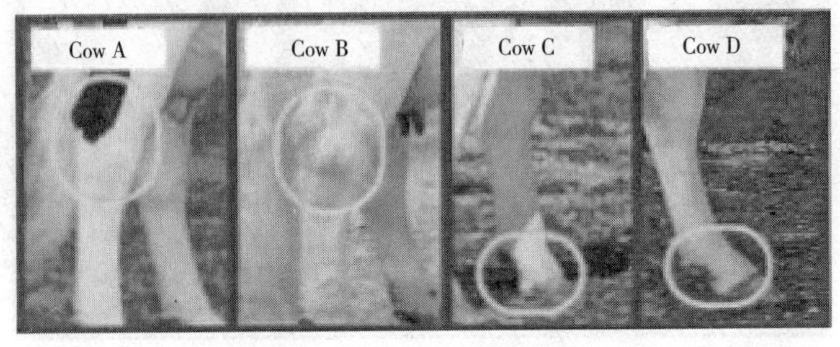

图 2-20　奶牛的飞节和系部

①体尺和品种特性　体尺是最易评定的特性。评定时可实际测量，也可目测。目测时人应站得稍远些，过近会给评定带来误差。评定内容包括体高，腿骨的长度。

品种特性也是值得考虑的一个特性，它包括整体风格和平衡度。首先，头应有雌性特征，轮廓明显，下颚呈浅盘形，鼻镜宽阔，鼻孔开张,额骨强健。其次,应考虑每个品种都有各自的特征。

②尻部　尻部包括腰角和耻骨，以及二者之间的体表部位。其要求是：尻部应长而宽，耻骨略低于髋骨。髋关节应较宽，并居于耻骨和髋骨中间。尾根略高于耻骨并整齐地位于两耻骨中间。尾帚自由垂落。外阴部整洁、垂直。

图 2-21 中 A 牛有理想的尻部，从腰角向耻骨稍微倾斜。B 牛尻部从腰角到耻骨过于倾斜，而 C 牛的耻骨非常高，甚至超过腰角。D 牛的腰角和耻骨都比 E 牛宽。

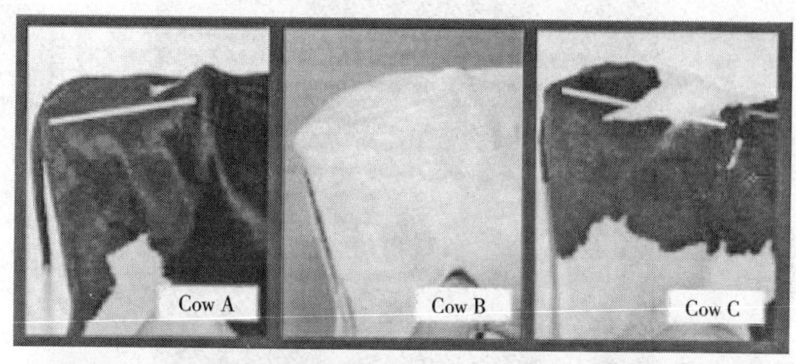

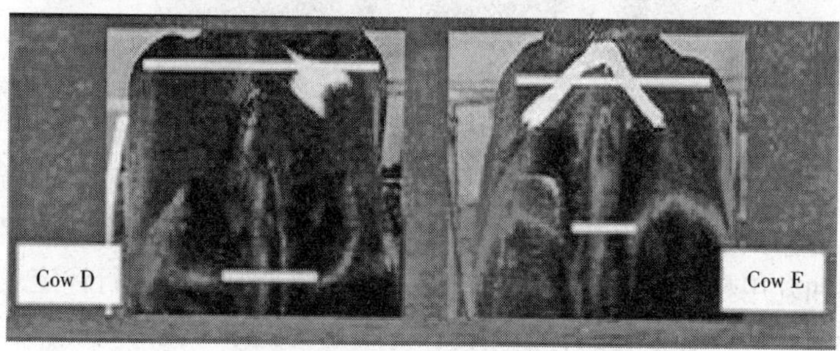

图 2-21　奶牛的尻部

③肩部　肩部的评定主要反映奶牛前躯的情况。两前肢应自然分开，且分开较宽，肢势呈正方形。肩胛骨和肘与胸臂结合牢固，胸底要宽，肩后应充分充满。远看牛应表现“爬坡行走”的感觉，因此，前躯应比后躯略高。从图 2-22 可看出，A 牛的前躯特别强壮，行走时表现前躯略高。而 B 牛的前躯较差。

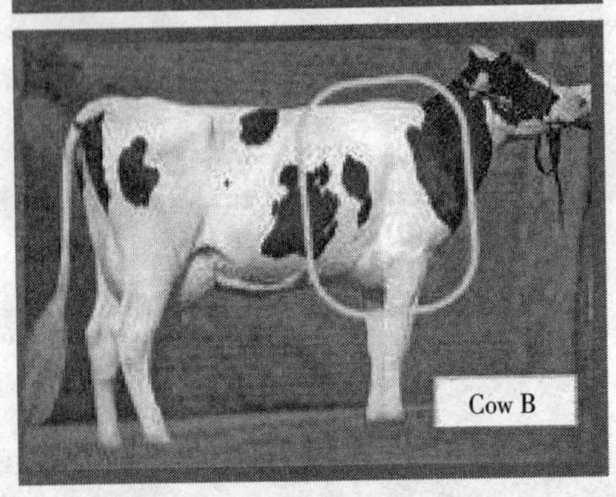

图 2-22　奶牛的肩部

④强壮度　强壮度也可以评价前驱的情况。强壮度在体躯容积和乳用特征方面都有作用，但只在体躯骨架部分进行评定。强壮的奶牛应有强壮的骨骼结构和非常宽的尻部，宽的耻骨，宽的胸底和宽的鼻镜。如图 2-23，A 牛非常强壮，B 牛为中等偏上，

图 2-23　奶牛的强壮度

C 牛则极窄而且虚弱。

⑤背部　评定背部包括鬐甲、脊椎和腰部。奶牛的背线应直而且强壮，腰部宽阔，接近水平。即使在分娩期，奶牛的背线直、宽阔和强壮总是好的。如图 2-24，A 牛的背线非常直而强壮，B 牛的腰部则有些弱。

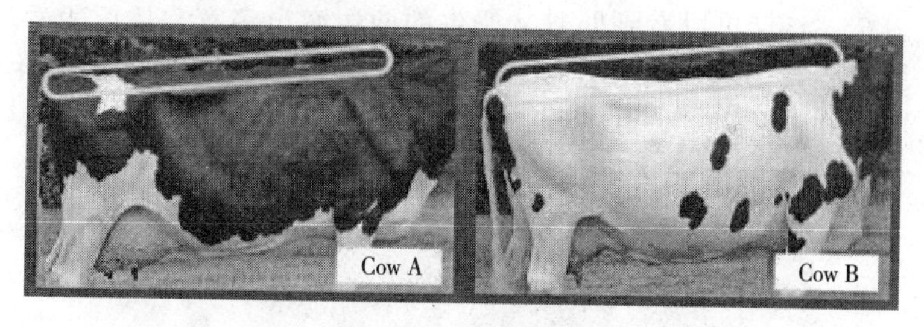

图 2-24　奶牛的背部

（5）体躯容积的评定　对奶牛泌乳能力和盈利也有很重要的作用，在评分中的权重为 10%。体躯容积的评定包括躯体和胸宽。而躯体是通过体深和肋骨的弹性来评定的。评定体躯容积最简单的方法是测量奶牛躯体的长、宽、高。三者相乘，即为总体积，以此来评价体躯容积。产奶多的奶牛，消耗饲料多，需要容纳饲料的空间大，因而总体积就大。应注意的是，奶牛的体躯容积会随年龄逐渐增大，所以看到年轻的奶牛缺乏体躯容积不要过于担心。

①体深　体深就是肋骨的深度，或从牛脊背到躯体底部的深度。如图 2-25，A 牛的肋骨比 B 牛要深得多，故 A 牛能采食更多的饲料，可产更多的奶。

图 2-25　奶牛的体深

②肋骨的弹性　站在奶牛的后方测量肋骨的弹性是最好的方法。这样可以看到肋骨从奶牛的两边突出多宽。从后边看，肋骨越突出越好。图 2-26 中，A 牛的肋骨弹性明显比 B 牛的大。

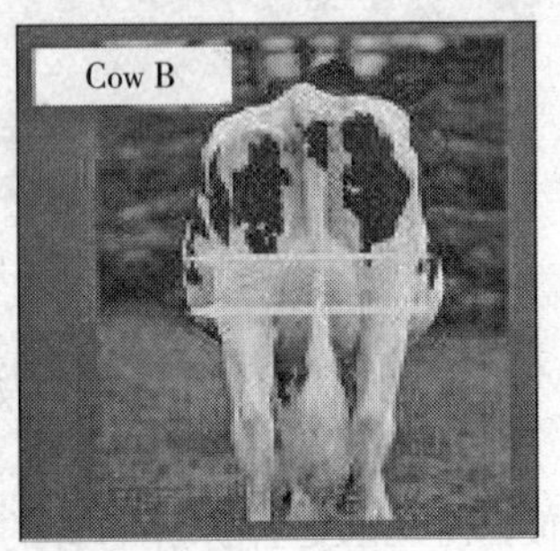

图 2-26　奶牛肋骨的弹性

③胸宽　胸宽与肋骨弹性和深度的关系非常密切。一头胸底较宽及前胸强壮的奶牛最可能有更深而开张的体躯，可允许更大

的体躯容积，最终有更大的采食空间。如图 2-27，A 牛比 B 牛的胸底要宽得多。

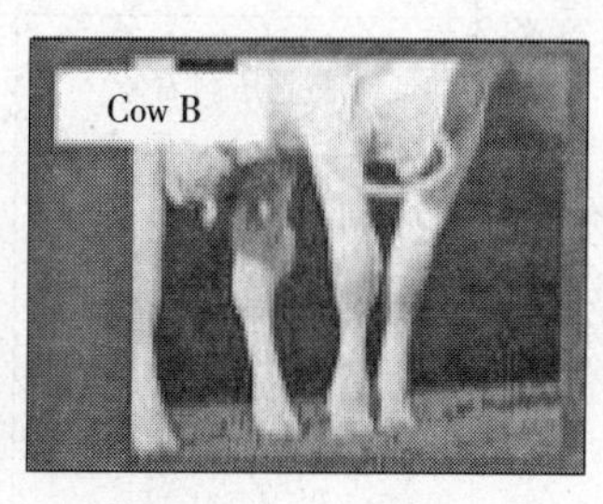

图 2-27　奶牛的胸宽

借鉴我国以往的印象评分法，结合上述评定部位，笔者试图给出奶牛体型 101 评分法的评分标准（表 2-1），仅供参考。

表 2-1　奶牛体型评分卡

项目	性　状	细目要求	评分
乳房	乳房深度	乳房底面在飞节水平面以上 5～10 厘米	5
	中悬韧带	中悬韧带结实有力，乳沟深而明显	5
	乳头配置	四个乳头以方阵配置于每个乳区，从侧面和后面看，应垂直且稍向里倾	5
	乳头大小和形状	乳头圆柱形，长度 5.7 厘米左右。四个乳头应大小相似，间距相当	5
	后乳房宽度	后乳房越宽、乳房容积越大，产奶越多	5
	后乳房高度	后乳房高度越高，乳房容纳的奶越多	5

（续）

项目	性　　状	细目要求	评分
乳房	前乳房附着	长而光滑的前乳房附着，充分前伸	5
	乳房的匀称度和质地	侧观时，乳房底部应平坦，不应被明显地二等分或四等分，所有四个乳区应当均衡。从外表看，乳房应柔软，有韧性，挤奶后充分塌陷（萎缩）	5
	小计	完全符合上述要求	40
乳用特征	肋骨的开张性	肋骨应该宽、平、深、分隔较宽且向后倾斜	5
	大腿（股）	干燥而瘦，弯曲而且平坦，后观两腿分开较宽	5
	鬐甲和颈部	鬐甲应该尖；脊骨也应干燥而突出；颈部长，瘦，颈肩结合部弯曲平滑，喉部轮廓明显	5
	皮肤	薄、松弛且有弹性，不能厚而多肉	5
	小计	完全符合上述要求	20
肢蹄	蹄	有一个陡峭的蹄角度（55°左右）和一个深的蹄踵，而且蹄较短，呈圆形，蹄叉紧	4
	后肢侧视	蹄方正地落于奶牛的髋部下方，侧视飞节内侧的角度为145°左右	4
	后肢后观	飞节直立，正对后方；后肢分开较宽，能更好地容纳乳房	4
	飞节和系部	飞节应当干燥而优美，不粗糙，不肿大，有充分的灵活性；系部短、灵活，结实有力	3
	小计	完全符合上述要求	15

（续）

项目	性　状	细目要求	评分
体躯骨架	体尺及品种特性	符合品种要求	3
	尻部	尻部应长而宽，耻骨略低于髋骨。髋关节应较宽，并居于耻骨和髋骨中间。尾根略高于耻骨并整齐地位于两耻骨中间。尾帚自由垂落。外阴部整洁、垂直	3
	肩部	两前肢应自然分开，且分开较宽，肢势呈正方形。肩胛骨和肘与胸臂结合牢固，胸底要宽，肩后应充分充满	3
	强壮度	有强壮的骨骼结构和非常宽的尻部，宽的耻骨，宽的胸底和宽的鼻镜	3
	背部	背线应直而且强壮，腰部宽阔，接近水平	3
	小计	完全符合上述要求	15
体躯容积	体深	肋骨长而深	4
	肋骨的弹性	从后边看，肋骨越突出越好	3
	胸宽	胸底深而宽阔	3
	小计	完全符合上述要求	10
总计		完全符合各项要求	100

对黑白花母牛而言，如总分达到 80 分以上可视为特级，75～79 分为一级，70～74 分为二级，65～69 分为三级，65 分以下为等外。

我们相信，大家如果掌握了以上评定的部位、性状和要领，那么在购买或淘汰奶牛时，就会做到心中有数，不至于将劣质奶牛买回家，或将已有牛群中的优良奶牛随意淘汰掉。

2. 奶牛年龄鉴定 牛的年龄与生产性能有一定的关系，奶牛一般在5～6岁时为一生中产奶量最高的时期，以后随年龄的增长而降低，因此年龄在奶牛引种、繁育上是一个重要的生理因素。一般来说，奶牛的准确年龄应查阅个体牛系普资料，获得其具体出生日期。但对于非正规引种或个体户买牛时，购买者很难获得完整准确的系普资料，应靠现场技术鉴定来确认。

牛的年龄鉴定，有外貌鉴定、角轮鉴定和牙齿鉴定三种方法。根据外貌鉴定年龄，只能辨别牛的老幼，无法知道其岁数；角轮鉴定年龄，所得结果不甚确切，误差较大。牙齿鉴定较为可靠。牛牙齿的生长有一定的规律性。在5岁前可用门齿退换的对数加1来计算，即换1对牙是2岁，换2对牙是3岁，换3对牙是4岁，4对门牙换齐为5岁，此时称之为“齐口”。5岁以后，主要看齿面的磨损程度及其形状变化。齿面的变化，最初呈方形或横卵圆形，以后随磨损程度而加深。如钳齿在6岁时呈方形；7岁呈三角形；8岁呈四边形；10岁呈圆形，出现齿星；12岁后圆形截面变小；13岁时呈纵卵圆形。其他门齿变化规律与钳齿一样，只不过同样变化依次比中间的晚半岁。随着年龄的增长，全部门齿开始缩短。根据牛的牙齿鉴定其年龄比较可靠，但仍是估计的结果。由于牙齿的脱换、生长和磨损变化受许多因素的影响，故有时鉴定的结果与实际年龄也有一些出入。

3. 奶牛体尺体重测量 对成年奶牛而言，其体尺、体重可视为一项品种特征。不同品种的奶牛，其成年体尺和体重差别较大，由于体型大的品种产奶潜力也大，如黑白花奶牛，因而越来越受到各国饲养者的青睐。一般地，在奶牛个体生长的不同阶段，按照奶牛生长发育规律也有相应的体尺体重标准。因此，购买或选种时应当充分考虑这一指标。中国荷斯坦牛的理想体重和体高如表2-2和表2-3。

表 2-2 中国荷斯坦牛理想体重（千克）

阶段	出生重	满 4 月龄	初配（13～15 月龄）	产犊前	产犊后
体重	40～45	140～160	380～400	590～635	540～560

表 2-3 后备牛理想体高（厘米）

月龄	3	6	9	12	15	18	21	24
体高	92	104～105	112～113	118～120	124～126	129～132	134～137	138～141

实践中，一般应测量以下体尺指标：

（1）体高　从鬐甲最高点到地面的垂直高度（用测仗测量）。

（2）体斜长　从肩端到坐骨结节后缘之间的距离（用测仗测量）。

（3）体直长　从肩端垂线到坐骨结节后缘垂线之间的直线距离（用测仗测量）。

（4）胸围　肩胛骨后缘两指处体躯之周径（用皮卷尺测量）。

（5）尻长　从髋结节前缘到坐骨结节后缘之间的距离（测仗或直尺）。

（6）坐骨端宽　指两坐骨端外缘之间的距离（测仗或直尺）。

体高、体长用于评价奶牛体型大小，胸围考察奶牛的容积，而尻长和坐骨端宽用于评价奶牛后躯及繁殖器官发育的程度。

奶牛体重最好能定期实地称量。没有条件时，可采用如下公式估测：

$$体重（千克）=胸围^2（米^2）\times体直长（米）\times87.5$$

三、奶牛引种选购注意事项

实践证明，奶牛引种或选购是一项技术性极强的工作，必须谨慎对待，正确处理。在我国奶牛业调整的现阶段，出现的突出问题是奶牛种质差、产量低、疾病多、效益低，除了饲养者管理水平低外，很大程度上是前几年无序引种和草率购买带来的后遗症。笔者认为，无论是从国外引种还是在国内购买奶牛，都应购买良种奶牛，并要求遵循一定的原则。这些原则包括：

1. 大批量从国外引种或购买奶牛时应当成立奶牛引种领导小组，人员应当包括业务主管部门的管理人员、直接投资责任人、富有外事经验的管理者、从事奶牛育种、繁殖、饲养、兽医多年的专业技术人员。这些人员不可缺少，且应当有明确分工，工作中各司其职，相互之间不可代替。

2. 引种之前应当做好充分的奶牛品种资源、市场行情、疫病流行病学调查，如供种国家和地区的奶牛品种、奶牛的价格，有无结核病、布鲁氏菌病、口蹄疫等传染病流行，据此作出切实可行的引种计划和具体方案，确定是否引种。如果引种则要制定相应的引种数量和选购标准，从而减少引种的盲目性和随意性。目前由于荷斯坦奶牛产奶量最高，经济效益最大而广泛受到关注，成为购买者的首选品种。

3. 引种之前，还要将供种地、途经地、引入地奶牛所需的聚集、中转、隔离等场地、交通、物资（饲料、水）、运输手续等提前做好准备，办理妥当后方可开始选牛。

4. 奶牛选择应当逐头进行，畜牧专业人员按照每头牛的系谱资料及母牛产奶记录进行初选，首先看是否为良种登记奶牛，并对选中奶牛的外貌、产奶量、年龄进行现场测评；其次由兽医人员对奶牛繁殖、健康状况进行鉴定。最后综合考察该奶牛的产奶潜力和利用价值，根据交易价格和既定的选购标准确定去留。奶牛场、户在国内买牛，也应聘请相应专业人员把关。买牛应坚持健康第一、优质优价、宁缺毋滥的原则，减少由草率引种带来的经济损失，避免给日后饲养造成不必要的麻烦。

5. 当得不到系谱资料时，首先由兽医和繁殖人员对奶牛进行健康检查，尤其是产科、繁殖疾病和乳房疾病的检查。确定合格后再由育种人员对奶牛品种特性、体型外貌、生产性能、年龄进行综合判断，最后根据价格因素确定是否购买（图 2-28）。

6. 对已经购买的奶牛，应尽快办理检疫证明。同时对奶牛按大小、强弱分批组群，备好草料、饮水，由富有经验的畜牧人员随行押车；待检疫合格立即起运。运达目的地应先卸在隔离场观察，一个月无异常情况时再并入大群饲养。国外进口应尽可能包机（船），国内购买应尽量避免长途运输。炎热季节购买奶牛应注意防暑，寒冷季节引种则应注意防寒。

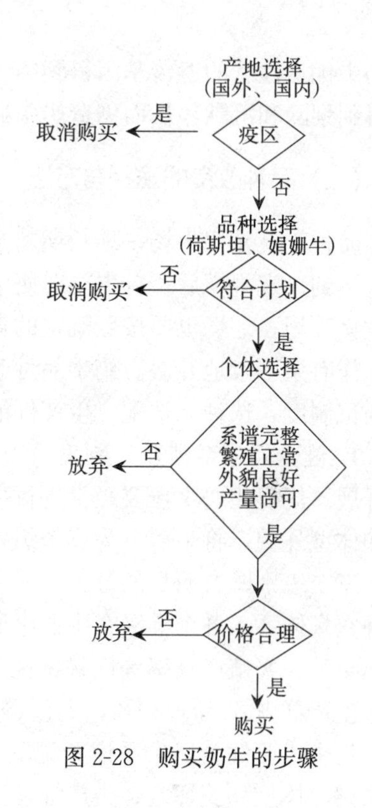

图 2-28　购买奶牛的步骤

四、奶牛品种改良

就奶牛业而言，大到国家、地区，小到奶牛场、奶牛小区、奶牛大户，奶牛品种改良是一个永恒的课题。一个品种的育成、品种特性的保持、生产性能的提高都与品种改良分不开。如果忽视品种的改良，再好的品种也会退化，从而降低或失去利用价值。

（一）品种改良的任务与目标

品种改良的根本任务和目标是通过选种、选配、杂交或本品种选育等育种方法，结合冻精人工授精、胚胎移植等繁殖技术，使奶牛优良性状的遗传基因得到纯合和表达，而使劣质性状的基因得到剔除和沉默，从而创造奶牛群优良的群体共性。

（二）品种改良的途径与方法

品种改良是奶牛场一项长期的基础性工作，新建奶牛场，在牛群达到一定规模后，首先要对奶牛群进行整顿，制定相应的品种改良计划；老场也要按照既定的育种目标随时调整牛群，使各项工作有条不紊地开展。奶牛品种改良的方法主要有健全奶牛系谱登记制度、选种、选配、生产性能测定、良种登记等。

1. 健全奶牛系谱登记制度 奶牛的育种要分层次、有重点地开展。规模化奶牛场要经常进行牛群整顿，根据牛只的生产表现和体型外貌，将牛群分为三个级别，即核心群、生产群和淘汰群。三个级别既有明显的分工，又有相互合作，组成一个完整的良种繁育体系。各个等级在牛群中所占的比例可以根据牛群的性成熟年龄、繁殖产犊率等性状特性而定，一般核心群约占30%，繁殖生产群占50%～60%，淘汰群占10%～20%。在整顿牛群的过程中，要健全奶牛系谱登记制度，包括奶牛编号、打耳标、建系谱、体型外貌评定、生产性能测定及繁殖、疾病档案等。

2. 选种 奶牛选种的意义在于早期选择，尤其是犊牛新生、断奶、配种、初次产犊等不同阶段均要有计划地进行选择。为操作使用方便，我们参照荷斯坦牛生长发育规律，结合天津市奶牛群生长发育状况，将母牛选种方案列于表2-4。

表2-4 奶牛选种方案

选择时期	核心群后代	生产群后代	淘汰群后代	留养母牛占成年母牛的比例
初生时期	留养率100%	初生重38千克以上的留养留种率为：70%～75%	留养率为：0	35%～37%

（续）

选择时期	核心群后代	生产群后代	淘汰群后代	留养母牛占成年母牛的比例
3月龄时期	留养率98%～99%	生产群后代体重达90千克、胸围100厘米、体高92厘米以上者留养，留养率为45%～50%		27%～29%
6月龄时期	无论核心群还是生产群的后代，凡是体重达到160千克、胸围125厘米、体高104厘米以上的留养，留养率为90%			25%左右
15～16月龄（配种）时期	除极个别因繁殖障碍淘汰外，均予留种			20%～25%
初次产犊后	要根据奶牛系谱、奶牛外貌线性评分和奶牛生产性能、长寿性、抗病力等指标综合评判，科学进行			10%～25%

注：由于各地区牛场饲养管理水平有所不同，表中的具体选择标准和选择项目，可根据本场牛群的实际情况，参照使用。

3. 选配　选配是有意识、有计划地决定公母牛配对的过程。奶牛场一般不饲养种公牛，选配是根据母牛的体型外貌、生产性能等存在的缺点而选购合适公牛的冷冻精液。为此，购买冻精应该特别仔细，应选择有生产经营许可证的种公牛站按《牛冷冻精液》(GB4143-84）生产的冻精。

选配的原则是：根据育种目标，选配应有利于巩固优良性状，改进不良性状；依牛只个体亲和力和种群的配合力进行选配；公牛应至少高于母牛一个等级；对青年母牛按品质选择后代体重较小的公牛与之配种；优秀公母牛采用同质选配，品质较差的母牛采用异质选配，但应避免相同或不同缺陷的交配组合；除育种群外，一般牛群不宜选择近交，应将近交系数控制在4%以下。

4. 生产性能测定　生产性能测定（Dairy Herd Improvement，DHI）作为奶牛群遗传改良的基础性工作，在美国、加拿大等奶牛业发达国家早已制度化、规范化。我国此项工作始于

1995年，截至目前仍未在全国普及，只有北京、上海、天津、西安、杭州等十余奶业先进省市开展此项工作。

生产性能测定工作的重要性在于：①可以最大限度最为可靠地创造优秀种公牛，并进行对比和验证，优秀种公牛的培育可使所有奶牛饲养者受益。②可以为奶牛选种选配提供依据，加速奶牛群体改良。③可以为科学饲养提供依据，不断提高奶牛经营者饲养管理水平。④可以对奶牛健康进行早期预测，为疾病防治提供依据。⑤为奶牛良种登记和评比工作提供依据。⑥可为牛奶合理定价提供科学依据，也可为奶牛场和乳品厂验奶之争提供仲裁。

各地由省一级的测试中心负责DHI的测试工作，中心除了配置专用采样车辆、专门的化验室、数据处理室及相关分析仪器外，还配备有经过专门训练的专职技术员，熟练掌握各个环节的技术操作。

操作规程包括严密的奶样采集程序、正确的奶样测试程序、科学的数据处理程序和及时的测试报告反馈程序。对于参加生产性能测定的奶牛场户而言，他们最为关心的是综合性反馈报告。报告内容一般包括5项内容：

（1）泌乳能力测定月报。

（2）牛群平均成绩一览表。

（3）305天产乳量分布表。

（4）本月份完成一胎次牛一览表。

（5）牛奶体细胞数（SCC）分布一览表。

奶牛场及农户在得到该统计表的同时，还应该得到一份由分析测试单位提供的反馈指导建议书。该建议书将该牛场本次测试奶牛的泌乳天数、胎次分布、本次乳量、高峰乳量、305天乳量、乳成分及SCC等指标与上次测试结果，以及常规值进行对比分析，然后给出改进意见，供奶牛场参考。因此，奶牛科学养殖离不开生产性能测定，有经济条件的奶牛场应增强现代意识，积极投身到这项活动中，早日从中受益。

5. 良种登记 良种牛登记最早起源于美国等奶牛业发达国家，现已成为一项全球性的育种制度。我国奶牛良种牛登记始于1974年，至1984年已经出版多卷，作为一项重要的育种措施和宝贵资料，对中国荷斯坦奶牛品种的育成，以及奶牛饲养者正确地和最大效能地利用这些良种产生了积极贡献。近年来，在农业部的支持下，中国奶业协会已出台了新的良种登记办法，开始在全国进行推广。

第三章 饲料配制及使用

众所周知，饲草饲料不仅是奶牛赖以生存的物质基础和能量基础，也是奶牛生长、繁殖、产奶的营养来源。奶牛是草食动物，也是多胎繁殖、连年产奶的动物，因此与饲养肉牛、养猪相比，其饲料来源、营养需要和日粮构成有许多独特之处。同时，饲草饲料是奶牛场最大的一项开支，占总开支的60%～80%，其利用合理与否不仅关系到奶牛健康、产奶量高低、奶质好坏，而且直接影响到牛场的经济利益。所以从奶牛高产、优质、高效、健康养殖的角度出发，对饲草饲料的利用要高度重视。首先应当对当地饲草饲料资源及特点进行评估，其次在奶牛饲草饲料的生产、加工、贮藏、供应各个环节要做到安全、无毒、无污染，推行无公害奶牛养殖实用新技术，实现科学饲养。

一、奶牛消化特征与营养需要

（一）奶牛的消化特征

1. 犊牛的消化特征 新生犊牛瘤胃的容积很小，仅占胃总容积的1/3，此期的瘤胃虽然也有一个胃室，但它没有任何消化功能。犊牛在哺乳时产生条件反射，使食管沟闭合形成管状结构，使液体食物直接进入皱胃消化，因此新生犊牛的消化和单胃动物相似。

犊牛3～4周龄瘤胃微生物区系开始形成，内壁的乳头状突起逐渐发育，瘤、网胃增大。由于微生物的发酵，促进了瘤胃的发育。随着瘤胃的发育，犊牛对非乳饲料的消化能力逐渐加强，新生犊牛肠道内有足够的乳糖酶能够很好地消化牛奶中的乳糖；但随犊牛年龄的增长，乳糖酶的活力逐渐降低。新生犊牛消化道内缺乏麦芽糖酶的活性，所以2周龄内犊牛不能利用大量的淀粉，2周以后麦芽糖酶的活性才逐渐显现出来。初生牛犊没有蔗糖酶活性，以后提高非常慢，因此，奶牛的消化系统不具备大量利用蔗糖的能力。初生牛犊的胰脂肪酶活力也很低，但随着日龄的增加而迅速增强，8日龄时其胰脂肪酶的活性就达到了相当高的水平，使犊牛能够很容易地利用动植物脂肪。

犊牛的瘤、网胃发育与采食植物性饲料密切相关。实验表明，犊牛从出生到12周龄喂全乳加精料，瘤、网胃的容积和重量分别是单喂全乳组的2倍和2倍以上，特别是瘤胃乳头的发育差异更大，仅喂全乳的犊牛，其瘤胃的乳头在哺乳期间一直在退化。如果在出生后及早饲喂植物性饲料，其碳水化合物在瘤胃的发酵产物挥发性脂肪酸可刺激瘤胃的发育，而植物性饲料中的中性洗涤纤维有助于瘤、网胃容积的发育。因此，对于12周龄以内的犊牛而言，植物性饲料的摄入，特别是精料的摄入对瘤、网胃的发育至关重要。

2. 成年奶牛的消化特征 在成年奶牛而言，消化包括口腔消化和胃肠消化，但以瘤胃的微生物消化最为重要。整个消化过程如图3-1。

同时，奶牛有以下特殊的消化生理现象：

（1）反刍 这是反刍动物一种独特的生理活动或现象，也是瘤胃中进行的主要物理消化。奶牛天生采食粗放，饲料未经充分咀嚼便匆匆咽下。但饲料咽下并不等于完成了采食全过程而可以进入后段消化，饲料能否顺利通过瘤胃还要受食团颗粒大小的控制。因此，作为对粗放采食的补偿，奶牛形成了反刍功能。

奶牛于采食后半小时左右开始出现反刍，并贯穿于两次采食

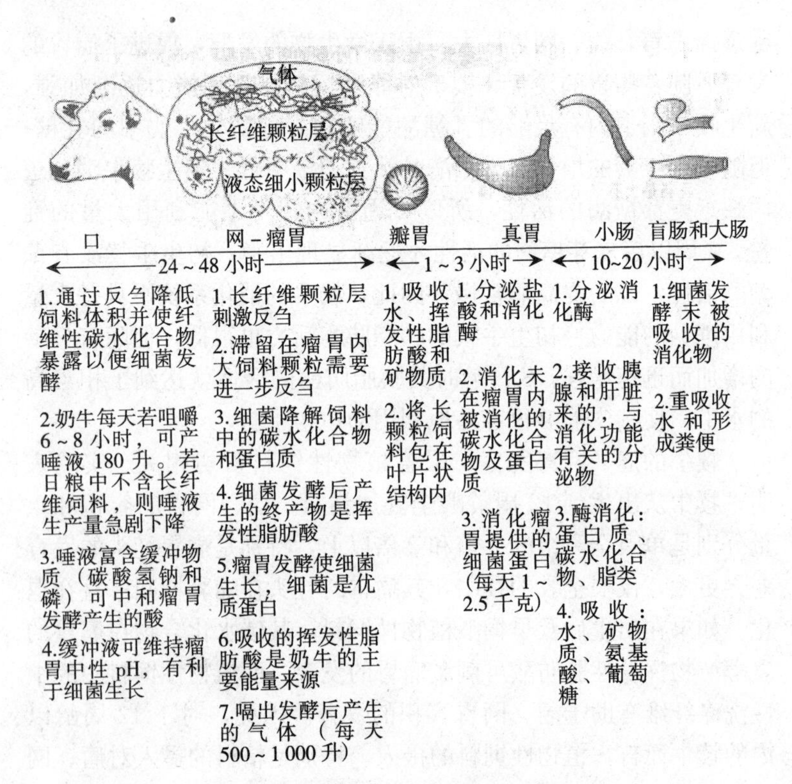

图 3-1　成年奶牛消化过程示意

之间。反刍时，奶牛自瘤胃逆出食团至口腔并反复咀嚼，每个食团经咀嚼约 1 分钟后再咽下。奶牛每天的反刍时间为 8 小时或更多。反刍花费的时间因日粮的性质而不同。粗糙而含纤维多的日粮需用反刍时间较长，而优质新鲜牧草含纤维较少，无需经过过多咀嚼即可快速通过瘤胃。反复咀嚼并不能提高消化率，但它可以使奶牛由瘤胃进入后段消化道的食物数量大大增加，因为饲料颗粒必须经过反刍、咀嚼才可以减小到能够通过瘤胃的程度而排空。同时，反刍还可以促使唾液分泌，缓冲瘤胃 pH，维持瘤胃内环境稳定。

（2）嗳气　这也是反刍动物特有的一种生理现象。由于瘤胃微生物的连续发酵活动，使得反刍动物在消化过程中产生比单胃动物多得多的气体，主要为氨气、二氧化碳、甲烷等。氨气可以被瘤胃壁吸收或被瘤胃微生物进一步利用合成氨基酸，而二氧化碳和甲烷等除一小部分可通过瘤胃壁被吸收入血经肺呼吸排出外，大部分则必须经嗳气及时排出。奶牛在正常情况下，嗳气可自由排出，但在春秋季节饲喂大量青草（尤其是含有大量苜蓿等豆科牧草）时，或高产奶牛饲喂高精料时，一定要注意观察嗳气情况，以免发生瘤胃臌胀。

（二）奶牛的营养需要

1. 奶牛营养需要与饲养标准　奶牛营养需要包括两个层面的含义：①按奶牛生理需要划分，包括维持、产奶、繁殖、增重等方面的需要；②按每日提供给奶牛的营养划分，包括水、碳水化合物、脂肪、蛋白质、矿物质、维生素等需要。每个生理时期都要提供全价的营养物质，每种营养物质的供给要考虑不同时期奶牛有不同的生理需要。

奶牛饲养标准是根据奶牛年龄、性别、体重、产奶性能和不同的生理状态等条件，通过实验测定和实践总结制定的一头牛每天所需营养物质的种类和数量。其内容包括两个部分：①奶牛每头每日营养需要量或供给量或推荐量（美国 NRC）；②奶牛常用饲料营养价值表。我国《奶牛营养需要和饲养标准》第二版（2000），采用的是营养需要量或供给量。美国 NRC《奶牛营养需要》第七版（2001）则采用推荐量，其中包括了小型和大型奶牛不同生理时期的营养需要，反映了当今奶牛营养科学的最新动态和成果。

奶牛饲养标准反映了奶牛在健康状态下生存和生产对饲料及营养物质的客观需求，是奶牛生产中有计划地组织饲料生产供应、设计饲料配方和对乳牛进行标准化饲养的科学依据。因此，在饲养实践中，奶牛饲养者必须参照执行，以便实现标准化饲养；但另一方面，也不能完全公式化地套用于每头奶牛。正确的做法是立足本奶牛场的实际情况，根据奶牛体况、产奶水平、季节以及当地饲料资源和市场价格的变化而不断调整，灵活运用。

2. 水的需要 水是奶牛需要量最大、最为重要但又常常被人们忽视的营养物质之一，生命的所有过程都离不开水。水在牛体内应保持动态平衡，机体的水通过泌乳、排尿、排粪、排汗和呼吸蒸发而损失，又通过饮水、采食饲料和机体内代谢水的重吸收得到补充。奶牛每天的需水量受体重、干物质摄入量、奶产量、气温和食盐摄入量的影响。一般情况下，泌乳奶牛每摄入1千克干物质或者每产1千克牛奶需要饮水3.5～5.5千克，平均为4.5千克。气温较高时，取上限计算。饮水质量对奶牛健康和无公害牛奶的生产影响较大，因此奶牛饮水质量必须符合《无公害食品—畜禽饮用水水质标准》（NY5027-2008）的规定。

3. 干物质需要 干物质是饲料除去水分后剩余的部分，它不是单一的营养成分，而是一个综合营养概念。其碳水化合物、脂肪、蛋白质、矿物质和微量元素、维生素等营养都存在于饲料干物质中，因此奶牛每天必须采食足够的干物质以满足不同的营养需要（维持、产奶、妊娠、增重）。奶牛对干物质的采食量（DMI）受体重、产奶量、泌乳期、饲料质量及气温的影响，同时直接受奶牛食欲、日粮能量和纤维水平的制约。一般地，奶牛在泌乳早期由于食欲较差而对干物质的采食不足，常常因营养尤其是能量供应负平衡而逐渐消瘦。这时应该通过增加精料比例，提高日粮营养浓度来缓解；而在泌乳后期，奶牛食欲大增，常常因营养过剩而变得过肥。这时应加大粗料比例，适当降低日粮营养浓度来预防。因此，奶牛在不同的生理时期，其精粗饲料组成和干物质需要是不同的。

干物质采食量也可以根据奶牛体重（维持需要）和产奶量（产奶需要）直接在我国《奶牛营养需要和饲养标准》中查表计

算求得。

4. 能量需要 能量并非一种物质概念，但它是动物维持生命基础代谢和泌乳、生长、繁殖等活动首要的营养指标。它蕴藏在淀粉、纤维、脂肪、蛋白质等营养物质当中，在这些物质被分解时释放出来。饲料营养物质在体内的代谢、运输、转化离不开能量，动物体组织的更新、乳汁合成、生长、发育、妊娠、运动等更离不开能量。

我国奶牛饲养标准过去采用奶牛能量单位，以 NND 表示。1NND 为生产 1 千克含脂率 4%的标准乳所需的能量，约为 750 千卡。现标准（2000）规定采用净能体系（NE），能量单位为千焦（kJ）或兆焦（MJ）。1 千卡＝4.18 焦耳，故 1NND＝3.138 兆焦。美国 NRC 标准中能量采用净能体系。

5. 饲料纤维需要 饲料纤维的分析指标主要是：粗纤维（CF）、中性洗涤纤维（NDF）和酸性洗涤纤维（ADF）。其中 NDF 对奶牛的营养作用和生理功能最为重要。NDF 是奶牛能量的来源之一，也是脂肪合成的前体，与乳脂率密切相关。可以促进奶牛反刍，保持瘤胃环境的稳定和瘤胃功能的正常，保证奶牛健康。可以使奶牛产生饱食的感觉，有利于提高奶产量和奶质。

一般地，饲草中含中性洗涤纤维较多，各阶段牛都应充分利用。对高产奶牛，泌乳早期日粮中的粗纤维应不少于 15%，NDF 不低于 25%，ADF 不低于 17%。一般泌乳牛应分别不低于 18%、19%和 28%；干奶牛和生长牛分别不低于 20%、21%和 33%。6 月龄以内的犊牛不宜饲喂过多的纤维。

6. 蛋白质需要 蛋白质是由许多种氨基酸组成的，它是构成血液、骨骼、肌肉、抗体、激素、酶、乳、毛及各种器官组织的主要成分，对生长、发育、繁殖及各种器官的修补都是必需的，是生命活动必需的基础养分，它是其他养分不能代替的。因此，在饲养中，蛋白质应保证足量供给，特别是处在生长期的后备牛和产奶母牛更应充分满足。我国奶牛营养以前采用的是粗蛋白质或可消化蛋白质体系，而2000年的《奶牛营养需要和饲养标准》（第二版）提出了小肠蛋白质营养新体系。

7. 矿物质需要 矿物质可分为常量元素和微量元素两类。常量元素又包括钙（Ca）、磷（P）、钠（Na）、氯（Cl）、钾（K）、镁（Mg）、硫（S）等，它们在饲料、牛奶和奶牛体内的含量相对较大，计量时用克表示，而配合日粮时用百分比。微量元素包括铁（Fe）、铜（Cu）、钴（Co）、锰（Mn）、锌（Zn）、碘（I）、硒（Se）等，它们在饲料日粮、牛奶和动物体中的含量甚微（常以毫克计），但作用较大。在配合日粮时常按毫克/千克来添加。

（1）常量元素

①钙和磷 在奶牛日粮中，钙和磷的适宜比例一般为1～2∶1。根据体重计算，每百千克活重给钙6克、磷4.5克。泌乳时，每千克标准乳补钙4.5克、磷3克。生长牛每千克增重需补钙20克，磷155克。妊娠的最后3个月可以适当增加钙、磷的供给量，但在临产的前3周应注意降低日粮钙的水平，饲喂低钙日粮，以防止产后瘫痪的发生。

②钠和氯 在日粮中常以食盐的形式补充。维持需要按体重计算，每百千克活重给3克，每产1千克牛奶给1.2克。在奶牛全混合日粮中，可按干物质的0.46%或精饲料的1%补充食盐，可以满足奶牛对钠和氯的需要。同样在临产的前3周应注意降低日粮食盐的水平，以防止乳房水肿。

③钾 在粗饲料充足多样的情况下奶牛日粮缺钾的可能性很低，无需额外补充。日粮干物质含钾1%时即可满足需要，但在热应激时，日粮钾增加到1.5%，能够获得最佳产奶量。但干奶后期奶牛不宜饲喂高钾日粮。

④镁 泌乳母牛对镁的维持需要为2～2.5克/（头·日），每产1千克乳另加0.12克镁。按日粮干物质计算，镁的含量为0.2%，干奶牛日粮为0.16%，犊牛日粮则为0.1%。

⑤硫　为合成含硫氨基酸所必需。泌乳母牛对硫的需要一般为日粮干物质的0.2%。

（2）微量元素

①铁　奶牛对铁的需要量为每千克日粮干物质含铁50毫克。奶牛对铁的耐受性很高，但高铁日粮会影响铜和锌的吸收。

②铜　日粮中铜的需要量为每千克干物质含铜12～15毫克。

③钴　日粮中钴的需要量为每千克干物质含钴0.1毫克。

④锰　奶牛对锰的需要量为每千克日粮干物质含锰40毫克。

⑤锌　奶牛对锌的需要量为每千克日粮干物质含锌50毫克。

⑥碘　奶牛对碘的需要量为每千克日粮干物质含碘0.33毫克。无公害牛奶生产中要求每千克日粮干物质含碘不超过0.5毫克。

⑦硒　奶牛对硒的需要量为每千克日粮干物质含碘0.3毫克。硒具有毒性，奶牛最大耐受量为每千克日粮干物质含硒不超过2毫克。

8. 维生素需要　奶牛同其他家畜一样，在正常代谢过程中也需要各种维生素，然而奶牛瘤胃微生物和体组织可合成多种维生素，如B族维生素、维生素K和维生素C，能满足牛体本身的需要；维生素D可以完全或部分合成；维生素E形成数量有限，一般成年牛不易出现维生素E的缺乏症。在冬季舍饲期如长期喂饲劣质干草、秸秆及芜菁等根茎饲料，会造成维生素E的缺乏症。牛体不能合成维生素A，无论成年牛或是犊牛都需要从饲料中摄取。

（1）维生素A与胡萝卜素　每100千克体重应从饲料中获得不低于18～19毫克的胡萝卜素或7 400国际单位维生素A；如以奶牛日粮计算，需要添加维生素A的数量为每千克日粮精料3 200～4 000国际单位。

（2）维生素D　奶牛日粮中需要添加维生素D的数量为每千克日粮1 000国际单位。

（3）维生素 E　犊牛对维生素 E 的最低需要量为每头每天 40 毫克，每千克代乳料中应含有 300 毫克；高产乳牛每头每天给予 300～500 毫克维生素 E。

二、奶牛常用饲料及其营养特点

按照饲料的常规分类法，奶牛常用的饲料有：青绿多汁饲料、青干草、青贮饲料、能量饲料、蛋白质饲料、矿物质饲料、维生素饲料及饲料添加剂八大类。但在生产实践中，人们习惯于将饲料分为：粗饲料、精饲料、矿物质饲料和饲料添加剂，下面就以此加以简要叙述。

（一）粗饲料

奶牛是反刍动物，可利用大量粗饲料，因此粗饲料在奶牛饲养中占有很大比重，应高度重视。奶牛较少饲喂青绿饲料，一般多调制成青干草。我们将容重小、粗纤维含量高（≥20％/干物质）、可消化养分含量低的饲料称为粗饲料。粗饲料主要有牧草与野草、青贮料类、农副产品类（包括藤、蔓、秸、秧、荚、壳）及干物质中粗纤维含量大于等于 18％的糟渣类、树叶类和非淀粉质的块根、块茎类。

这类饲料的共同特点是：来源广，成本低；体积大、纤维素含量较高，营养浓度和消化利用率低。但是通过合理的加工处理，营养及消化率可得到一定改善，如秸秆的青贮、氨化处理等。

（二）精饲料

精饲料是指容重大、纤维成分含量低（干物质中粗纤维含量小于 18％）、可消化养分含量高的饲料。主要有禾本科籽实、豆科籽实、饼粕类、糠麸类、草籽树实类、淀粉质的块根、块茎瓜果类（薯类、甜菜）、工业副产品类（玉米淀粉渣、DDGS、啤酒糟等）、酵母类、油脂类、棉籽等饲料原料和由多种饲料原料按一定比例配制的奶牛精料补充料。与粗饲料相比，其优点是：适口性好，可促进奶牛高产；缺点是成本高，不利于反刍。因此头日最大喂量不得超过 15 千克。精饲料包括能量饲料和蛋白质饲料两类。

1. 能量饲料 是指干物质中粗纤维含量≤18%，粗蛋白质含量≤20%的饲料，包括谷实类、麸糠类、块根块茎类、果类等。谷实类、麸糠类是奶牛业上最常用的能量饲料。

（1）谷实类 即禾本科农作物籽实。包括玉米、小麦、大麦、燕麦、高粱等。营养特点是：淀粉含量高（70%～80%）、脂肪含量少（2%～5%）、粗纤维含量低（≤6%）、粗蛋白质含量中等（10%～15%）、矿物质钙少磷多（钙 0.1%，磷 0.3%～0.5%）。

（2）麸糠类 为籽实类饲料加工后的副产品。常用的有麦麸、米糠等。

2. 蛋白质饲料 指干物质中粗蛋白质含量≥20%而粗纤维含量≤18%的饲料。包括植物性蛋白质饲料、微生物蛋白质饲料和非蛋白氮化合物。

（1）植物性蛋白饲料 指含油脂多的籽实经过脱油以后的加工副产品，主要包括大豆饼（粕）、棉仁（籽）饼（粕）、花生仁饼（粕）、菜籽饼（粕）、亚麻饼（粕）。一般地，这类饲料的粗蛋白含量为 30%～45%，其中大豆饼（粕）是最好的植物蛋白质饲料（CP 在 40%以上）。

（2）微生物蛋白质饲料 指单细胞蛋白饲料、EM 发酵饲料。目前由于饲料来源和质量不稳定，难以广泛应用。

（3）非蛋白氮化合物 指磷酸脲、尿素、液氨、硫酸铵等。此类饲料不适于直接饲喂，只适于秸秆饲料的氨化处理。处理后的饲料建议饲喂 6 个月龄以后的育成牛，而不宜于饲喂犊牛和泌乳牛。

蛋白质饲料实际上还包括动物源性蛋白质饲料，如鱼粉、肉骨粉等，但2011年国务院修订的《饲料和饲料添加剂管理条例》规定，除了乳及乳制品以外的动物源性饲料不得饲喂反刍动物。

（三）矿物质饲料

矿物质饲料：牛在生长发育和生产过程中需要10多种矿物质元素，均需由饲料摄入或人工补给。一般而言，这些元素在动、植物体内都有一定的含量，如牛能采食多种饲料，往往可以相互补充而得到满足。但由于奶牛舍饲及现代集约化程度提高，单从常规饲料已很难满足其高产的需要，这种情况下必须另行添加。在奶牛生产中常用的矿物质饲料有以下几类：

1. 食盐　有普通盐粒、盐砖、碘盐等，可根据粗饲料类型及需要选择使用。

2. 含钙的矿物质饲料　常用的有石粉、贝壳粉等，主要成分为碳酸钙。此类来源广，价格低，但奶牛利用率低。

3. 含磷的矿物质饲料　有磷酸氢钠、磷酸氢二钠。

4. 含钙和磷的矿物质饲料　磷酸钙、磷酸氢钙等。

（四）饲料添加剂

饲料添加剂是指为保证或者改善饲料品质、提高饲料利用率而掺入饲料中的少量或者微量物质，包括营养性添加剂（维生素、微量元素、氨基酸和尿素等）和非营养性添加剂（指酶制剂、抗氧化剂、防霉剂、抗生素、驱虫药物等）。其特点一是用量小、作用大；二是保存条件要求高，如维生素制剂、酶制剂、激素等要求低温保存；三是成本大，使用时要精打细算，严防浪费。

总之，对于奶牛饲料的生产和供给要满足饲料添加剂原料标准、饲料标签标准以及无公害食品的相关要求。

三、奶牛常用饲料原料质量标准

1. 精饲料原料质量标准

（1）饲料用玉米　籽粒饱满、均匀、呈黄色或淡黄色，无异常气味、口感甜，水分≤14%，粗蛋白质≥8%，生霉粒≤2%，杂质率≤1%，容重、不完善粒为定等级指标见表3-1。

表3-1　饲料用玉米等级质量指标

等级	容重（克/升）	不完善粒（%）
一级	≥710	≤5.0
二级	≥685	≤6.5
三级	≥660	≤8.0

（2）饲料用小麦　籽粒整齐，色泽新鲜一致，无发酵、霉变、结块及异味异嗅。冬小麦水分不得超过12.5%，春小麦水分不得超过13.5%。不得掺入饲料用小麦以外的物质，若加入抗氧化剂、防霉剂等添加剂时，应做相应的说明。以粗蛋白质、粗纤维、粗灰分为质量控制指标，按含量分为三级（表3-2）。

表3-2　饲料用小麦质量指标及分级标准（%）

质量指标＼等级	一级	二级	三级
粗蛋白质	≥14.0	≥12.0	≥10.0
粗纤维	<2.0	<3.0	<3.5
粗灰分	<2.0	<2.0	<3.0

注：各项质量指标含量均以87%干物质为基础计算的。

（3）饲料用小麦麸　细碎屑状，色泽新鲜一致，无发酵、霉变、结块及异味异嗅。水分含量不得超过13.0%。不得掺入饲料用小麦麸以外的物质，若加入抗氧化剂、防霉剂等添加剂时，应做相应的说明。以粗蛋白质、粗纤维、粗灰分为质量控制指标，按含量分为三级，见表3-3。

表 3-3 饲料用小麦麸质量指标及分级标准（%）

质量指标＼等级	一级	二级	三级
粗蛋白质	≥15.0	≥13.0	≥11.0
粗纤维	<9.0	<10.0	<11.0
粗灰分	<6.0	<6.0	<6.0

注：各项质量指标含量均以 87%干物质为基础计算的。

（4）饲料用大豆粕　浅黄褐色或浅黄色不规则的碎片或粗粉状，色泽一致，无发酵、霉变、结块及异味异嗅。不得掺入饲料用大豆粕以外的物质，若加入抗氧化剂、防霉剂等添加剂时，应做相应的说明。技术指标及质量分级，见表 3-4。

表 3-4 饲料用大豆粕技术指标及质量分级（%）

项　目	带皮大豆粕		去皮大豆粕	
	一级	二级	一级	二级
水分	≤12.0	≤13.0	≤12.0	≤13.0
粗蛋白质	≥44.0	≥42.0	≥48.0	≥46.0
粗纤维	≤7.0		≤3.5	≤4.5
粗灰分	≤7.0		≤7.0	
尿素酶活性（以氨态氮计）[毫克/（分·克）]	≤0.3		≤0.3	
氢氧化钾蛋白质溶解度	≥70.0		≥70.0	

注：粗蛋白质、粗纤维、粗灰分三项质量指标均以 88%或 87%干物质为基础计算的。

（5）饲料用棉籽粕　黄褐色或金黄色小碎片或粗粉状，有时夹杂小颗粒，色泽均匀一致，无发酵、霉变、结块及异味异嗅。不得掺入饲料棉籽粕以外的物质，若加入抗氧化剂、防霉剂等添加剂时，应做相应说明。技术指标及质量分级，见表 3-5。

表 3-5　饲料用棉籽粕技术指标及质量分级（%）

指标项目	等级				
	一级	二级	三级	四级	五级
粗蛋白质	≥50.0	≥47.0	≥44.0	≥41.0	≥38.0
粗纤维	≤9.0	≤12.0	≤14.0		≤16.0
粗灰分	≤8.0		≤9.0		
粗脂肪	≤2.0				
水分	≤12.0				

棉籽粕游离棉酚含量分级见表 3-6。

表 3-6　棉籽粕游离棉酚含量分级

项　目	分　级		
	低酚棉籽粕	中酚棉籽粕	高酚棉籽粕
游离棉酚含量（毫克/千克）	≤300	300<FG≤750	750<FG≤1200

注：FG 为游离棉酚（free gossypol）。

（6）饲料用低硫苷菜籽饼（粕）　褐色或浅褐色，小瓦片状、片状或饼状、粗粉状，具有低硫苷菜籽饼（粕）油香味，无溶剂味，引爆试验合格，不焦不糊，无发酵、霉变、结块。低硫苷饲料用菜籽饼（粕）技术指标及质量分级，见表 3-7。

表 3-7　饲料用低硫苷菜籽饼（粕）技术指标及质量分级（%）

产品名称 质量指标	低硫苷菜籽饼			低硫苷菜籽粕		
	一级	二级	三级	一级	二级	三级
ITC+OZT（毫克/千克）≤	4 000	4 000	4 000	4 000	4 000	4 000
粗蛋白质≥	37.0	34.0	30.0	40.0	37.0	33.0
粗纤维<	14.0	14.0	14.0	14.0	14.0	14.0
粗灰分<	12.0	12.0	12.0	8.0	8.0	8.0
粗脂肪	10.0	10.0	10.0	—	—	—
水分≤	12.0					

注：异硫氰酸酯简称 ITC，噁唑烷硫酮 OZT，ITC+OZT 质量指标含量以饼粕干重为基础计算，其余各项质量指标含量均以 88%干物质为基础计算。

（7）饲料用石粉和磷酸氢钙　质量标准见表3-8。

表3-8　饲料用石粉和磷酸氢钙质量标准（%）

品名	水分	钙	总磷	其他质量指标
磷酸氢钙	≤3.0	≥21.0	≥16.0	氟≤0.18%，硝酸银检验合格，枸溶磷=13%，铅≤30毫克/千克，砷≤10毫克/千克
石粉	≤1.0	≥37.0	—	铅≤20毫克/千克，砷≤20毫克/千克，盐酸不溶物≤0.2%，氟≤1 800毫克/千克

四、奶牛粗饲料的加工与利用

（一）青贮饲料的制作与利用

1. 制作青贮条件

（1）根据养殖规模和场区规划平面图，奶牛场（小区）应在生产区上游选留青贮饲料区，按饲养量和需要标准建造青贮窖（池）。农户自制可选择简易设施。青贮设施可采用土窖、砖砌、钢筋混凝土，也可用塑料制品、木制品或钢材制作。青贮设施的要求：不透气，不透水，内壁平直，有一定深度，可防冻以及装卸料方便。窖贮时窖的深度一般为2.5米，宽度和长度应与牛群规模相匹配，牛群规模大时可设多个窖平行排列，每窖的宽度与高度相乘的横断面积，以每日取料厚度不少于70厘米为宜。

（2）奶牛场（小区）应充分重视青贮饲料工作，由分管饲料的技术场长和畜牧科技术人员负责全场青贮饲料的制作与使用计划。每年7月至8月初进行青贮窖的整修、青贮机械的检修，9月至10月中旬玉米收获期间按标准统一收购原料，集中制作，场内其他部门应给予紧密配合与支持。有条件的奶牛场可于6、7月提前利用早玉米秸制作优质青贮。

2. 制作要领

（1）青贮原料以玉米青贮为主，高粱和苜蓿或其他原料可以按一定比例混贮（其他原料一般不超过 1/3）。原料水分控制在60%～70%，含糖量 1%～1.5%，铡短长度控制在 2～3 厘米，尽量缩短装窖时间（装满一窖最好不超过 3 天），并以链滚拖拉机反复压实，四角由人力踩踏，不留死角。封窖要严实，先覆以塑料布而后用稻草帘和土覆盖（30～50 厘米厚）。四周设排水沟以排雨水，平时要勤检查四周，以防鼠咬或机械擦伤出现漏气。整个过程严格按照“切碎、压实、快贮、密封”的原则操作，确保青贮制作的质量。

（2）提倡全株玉米种植与青贮制作，推广微贮和酸贮技术，以提高青贮质量。微贮或酸贮添加剂使用按生产厂家说明进行。

（3）提倡机械收割方式，可以提高收割效率，减轻劳动强度。

3. 用法用量

（1）青贮制作好后（一般 40 天）即可取用。奶牛场根据奶牛饲养标准和推荐采食量，以各车间奶牛头数（或农户饲养奶牛头数）核定日用量，进行逐天或逐次发放。

（2）每次取用后及时封窖。发放到农户的青贮饲料要督促合理保存和饲喂，防止二次发酵。如发现发霉变质的饲料应清理弃去，坚决不可饲喂奶牛，同时调查原因并采取处理措施。

（3）用量：一般成母牛日喂青贮饲料 15～20 千克，最大用量不超过 25 千克。

（二）青干草的加工利用

青干草是奶牛重要的一类粗饲料，主要的禾本科干草是羊草。从促进反刍的角度出发，在不影响干物质采食量的情况下以饲喂长的干草为好。成年奶牛每日采食的羊草应不少于 3 千克。

青干草的加工调制不外乎自然干燥法和人工干燥法两种。

1. 自然干燥法 即自然晾晒法或草架晾晒法，此法制得的干草的营养价值和晾晒时间关系很大，其中粗蛋白质、粗灰分、钙的含量和消化率随晾晒天数的增加而减少，粗纤维含量随晾晒天数的延长而增加。对干物质消化率与其化学成分关系的统计分析表明，提高青干草消化率的关键是控制其纤维木质化程度和减少粗蛋白质损失。由此看来，适时收割及减少运输和干燥过程中的叶片损失非常重要，因为牧草叶片的蛋白质含量一般占整株的80%以上。刚收割的牧草细胞还有生命力，会产生呼吸作用，引起可利用碳水化合物的降解。若牧草含水率降至47%以下，这种呼吸作用就会停止。因此，在收割时应尽量创造良好的干燥条件，定时翻晒，疏松草垄，使牧草含水量迅速降到47%以下。另外，也可在收割时就用切割压扁机压裂茎秆，使牧草各部分干燥速度趋于一致，干燥时间可缩短1/3～1/2。

2. 人工干燥法 在自然条件下晒制干草，营养物质的损失相当大。大量试验资料表明，晒制干草时干物质的损失占鲜草的1/5～1/4，热能损失占2/5，蛋白质损失占1/3左右。如果采用人工快速干燥法，则营养物质的损失可降低到最低限度，只占鲜草总量的5%～10%。因此，自20世纪50年代采用人工干燥法以来，发展极为迅速，到60年代已成为大规模的工厂化生产，西欧、北美普遍采用。人工干燥的形式很多，可以归纳成以下三类。

（1）常温通风干燥或称草库干燥 是利用高速风力，将半干青草所含水分迅速风干，它可以看成是晒制干草的一个补充过程。通风干燥的青草，事先须在田间将草茎压碎并堆成垄行或小堆风干，使水分下降到35%～40%，然后在草库内完成干燥过程。草库的顶棚及地面要求密不透风，为了便于排除湿气，库房内设置大的排气孔。干燥的主要设备包括电动鼓风机，以及一套安置在草库地面上的通风管道，半干的青草疏松地堆放在通风管道上部，厚度视青草含水量而走，一般3～5米，自鼓风机送出的冷风（或热风）通过总管输入草库内的分支管道，再自下而上通过草堆，即可将青草所含的水分带走，空气湿度不应超过70%～80%，如超过90%，则草堆的表面将变得很湿。通风干燥的干草，比田间晒制的干草，含叶较多，颜色绿，胡萝卜素高出3～4倍。

（2）低温烘干法　采用加热的空气，将青草水分烘干，干燥温度如为50～70℃，需5～6小时，如为120～150℃，经5～30分钟完成干燥。未经切短的青草置于浅箱或传送带上，送入干燥室（炉）干燥。所用热源多为固体燃料，浅箱式干燥机每日生产干草2 000～3 000千克，传送带式干燥机每小时生产量200～1 000千克，此法在小型牧场采用较为普遍。

（3）高温快速干燥法　利用液体或煤气加热的高温气流，可将切碎成2～3厘米长的青草在数分钟甚至数秒钟内使水分含量降到10%～12%。此法主要用以生产高质量的草粉、草块或草颗粒，作为畜禽蛋白质和维生素补充饲料，便于运输、保存和饲料工业应用。目前国外最普遍采用的干燥机是转鼓气流式烘干机，进风口温度高达900～1 100℃，出风口温度70～80℃，每小时生产能力视原料含水量而定，含水量在60%～65%时每小时可产干草粉700千克，含水量达75%时每小时仅生产420千克。高温快速干燥法多属于工厂化生产，应根据设备生产能力，合理组织原料生产，以保证全年机器运转达100～150天。

在干草贮藏过程中，如果打捆时含水率达到20%～30%，常会导致干草产热。过热会导致蛋白质变性，热变性的蛋白质在反刍动物瘤胃内是不能被降解的，如果热度足够高的话，热变性的蛋白质在小肠内也是很难被消化的。不少饲料营养实验室都做过相关报道，如果热变性蛋白质在粗蛋白质总量中所占比例超过9%，就应对粗蛋白质的价值进行校正。因此，干草打捆时水分含量不宜过高，必须压紧、压实，尽可能排除氧气，使嗜氧菌的破坏降至最低限度。为防止霉菌的滋生，还可往干草中添加一些干草防霉剂。

（三）苜蓿的生产与利用

苜蓿是豆科苜蓿属多年生牧草，因其适应性广、产量高、营养价值高、适口性好被誉为牧草之王。苜蓿不仅含有丰富的蛋白质、矿物质和维生素等重要的营养成分，并且含有动物所需的必需氨基酸、微量元素和未知生长因子，在相同的土地上，苜蓿比禾本科牧草所收获的可消化蛋白质高2.5倍左右，矿物质高6倍左右，可消化养分高2倍左右。苜蓿作为优良饲草可促进奶牛业的发展。

1. 苜蓿的加工调制 苜蓿的传统加工调制方法主要包括：调制干草和制作青贮饲料。苜蓿草质优良，干草喂畜禽可以替代部分精料。

（1）苜蓿干草 其调制与贮存方法与青干草的方法基本相同。

（2）苜蓿青贮 苜蓿青贮是近年来在世界范围兴起的新的苜蓿利用方式。在我国，苜蓿青贮整体上尚处于研究阶段，生产中应用很少。它是在我国苜蓿干草产品加工中遇到干燥难题的背景下应运而生的。我国苜蓿主产区华北地区第二茬、第三茬苜蓿收获时期正值雨季，不利于机械及人工作业，存在的突出问题是不易制作优质苜蓿干草或苜蓿在晾晒过程中易遭雨淋腐烂，造成很大经济损失。苜蓿青贮被认为是利用第二、三茬苜蓿的最佳方法。苜蓿青贮养分损失小，具有青绿饲料的营养特点，适口性好，消化率高，能长期保存。目前畜牧业发达国家大都由干草为重点的调制方式向青贮利用方式转变。主要采用以下几种青贮方式。

①半干青贮 半干青贮是青绿饲料贮藏的一种形式，是将青贮原料经晾晒，待其含水量降低时进行青贮。由于经过预干，使植物细胞液变浓，渗透压增高，能抑止丁酸发酵和有害微生物区

系的繁殖，因此，半干青贮的特点是通过渗透压的改变达到青贮的目的。其优点在于原料经过预先干燥后，原料中的部分植株细胞本身降低了呼吸作用，因而也减少了养分的降解，所以半干青贮比干草和一般青贮能保留较多的蛋白质和胡萝卜素，干物质的损失也较少。

目前最先进的方法是用拉伸膜制作裹包苜蓿半干青贮，其工艺流程为刈割晾晒—捡拾压捆（含水量为40%～60%）—拉伸膜裹包作业。苜蓿刈割时最好用切割压扁机。另外，为了改善青贮效果，还可在苜蓿原料中喷洒占原料总量0.1%～0.5%的苜蓿发酵液。

②加甲酸青贮　这是近年来国外推广的一种方法。该法是在每吨青贮原料中添加85%～90%的甲酸2.8～3千克，分层喷洒。甲酸在青贮和瘤胃消化过程中能分解成对家畜无毒的二氧化碳和甲烷，并且甲酸本身也可被家畜吸收利用。

实践证明，苜蓿干草营养价值优于禾本科干草，苜蓿青贮优于其他青贮。我们建议有条件的奶牛场（户），一定要更新观念，开辟一定的耕地种植苜蓿，并进行苜蓿干草或苜蓿青贮的加工，必将给牧场带来可观效益。

五、奶牛精饲料的加工与利用

目前，奶牛饲养主要推行全混合日粮（TMR），为了制作符合营养要求又不允许奶牛挑食的高质量TMR，有必要对精饲料进行加工，以便能和添加剂等其他成分均匀混合。奶牛精饲料主要包括能量饲料和蛋白质饲料。

（一）能量饲料的加工调制

能量饲料的营养价值和消化率一般较高，适口性也较好，奶牛非常喜欢采食。对奶牛而言，如果谷物饲料不进行适当的加工处理而整粒饲喂，会出现一系列问题，如谷实籽实的种皮、颖壳以及内部淀粉粒的结构比较致密坚硬，很难被微生物分解或被各种消化酶消化，故从粪便整粒排出。

能量饲料的加工方式一般有：粉碎、压扁、发芽、糖化、制作颗粒饲料等。

1. 粉碎 粉碎是用机械的方法克服固体物料内聚力而使物料破碎的一种操作。饲料原料的粉碎是饲料加工中的最主要的调制手段，由于操作简单易行又经济，是畜牧业生产中最常用的加工方法。其优点是：①粉碎可以增加饲料的表面积，有利于动物消化和吸收；②粉碎使粒度相对整齐均匀，有利于提高混合均匀度，也有利于物料制粒等进一步加工。粒度是表现粉碎程度的标志，一般用通过圆孔筛物料的百分比表示。奶牛精饲料原料粉碎粒度应为100％通过孔径2.5毫米的圆孔筛或85％通过孔径1.5毫米圆孔筛。

2. 蒸汽压片 蒸汽压片技术指将谷物经100～110℃蒸汽调制处理30～60分钟，谷物水分含量达到18％～20％后，再用预热的压辊（直径0.5～1.2米）碾成特定密度的谷物片，经干燥、冷却至安全水分后贮藏。其优点是：①增加饲料表面积；②破坏细胞内淀粉结合氢键，提高淀粉糊化度，改善消化道对谷物淀粉的消化和吸收；③改变谷物蛋白质的化学结构，有利于反刍动物对蛋白质的利用。利用蒸汽压片加工处理的谷物，其品质通常以实验室测定谷物的容重和糊化度来评定。容重可采用GHCS－1000型容重器（漏斗下口直径为40毫米）测定，压片玉米最适容重0.32～0.36千克/升；糊化度可采用葡萄糖淀粉酶水解法测定，糊化度60％～70％。

对奶牛而言，谷物籽实最好的加工方式是利用蒸汽压片；如无此条件，则通过粉碎将谷物进行破碎。粉碎不宜太细，磨成1.5～2.5毫米的粒状即可。由于饲料粉碎或压扁后容易受潮霉变，故一次不宜加工过多，并应注意妥善保管。

3. 发芽　发芽是对冬春季节奶牛饲料缺乏维生素的一种补救措施。发芽的原料多为大麦，在发芽前几乎不含胡萝卜素，发芽后芽长8～10厘米，每千克可产生胡萝卜素93～100毫克，核黄素提高10倍，蛋氨酸增加2倍，赖氨酸增加3倍。具体做法是：谷物清洗去杂后放入缸内，30～40℃温水浸泡一昼夜，其间可换水1～2次，待谷物粒充分膨胀后捞出摊在能滤水的容器内，厚度不超过5厘米，保持在15～25℃，每天至少用自来水冲洗、翻盘一次，这样3～5天即可发芽，6～7天长成饲喂。高产奶牛每日饲喂100～150克，妊娠母牛临产前停喂。

4. 制粒　饲料制粒是在粉碎、压扁的基础上，根据家畜的营养需要，按一定比例进行搭配，并充分混合后，用颗粒饲料机制成一定的颗粒形状。这属于全价配合饲料的一种，代表了饲料利用的最高水平。

（二）蛋白质饲料的加工调制

蛋白质饲料包括豆科籽实及其加工副产品如饼粕饲料等。豆科籽实中存在某些抗营养因子，如抗胰蛋白酶，对蛋白消化极为不利；饼粕类蛋白饲料会含有某些有毒物质，如棉籽饼中的棉酚，菜籽饼中的芥子硫苷等都会发生蓄积性中毒，所以蛋白饲料要进行相应的加工和脱毒处理。

根据原料不同加工方式一般有：湿润与浸泡、蒸煮与焙炒、膨化等处理。

1. 湿润与浸泡　豆类与油饼类比较坚硬，经过湿润与浸泡可使其软化，提高饲料消化利用率，也可起到部分脱毒的作用。

2. 蒸煮与焙炒　经过蒸煮与焙炒可除去抗营养因子（如胰蛋白酶抑制剂），提高适口性和消化率。

3. 脱毒处理　是对棉、菜籽饼去毒而采取的特殊措施。脱毒方法可参考有关书籍。

4. 膨化　膨化是对物料进行高温（110～200℃）、高压

(2.45～9.8 兆帕）处理 3～7 秒后减压，利用水分瞬时蒸发或物料本身的膨胀特性使物料的某些理化性能改变的一种加工技术。它分为气流膨化和挤压膨化两种。

气流膨化是在密闭容器里对物料施以高温高压蒸汽处理，然后减压；挤压膨化是利用螺杆、剪切部件对物料的挤压升温增压，在出口处突然减压。饲料工业中的膨化通常指挤压膨化，分为干法和湿法两种，湿法是指蒸汽预调质后再膨化，干法是没有蒸汽预调质直接膨化。湿法比干法生产效率高，但需要蒸汽锅炉，投资要比干法大。

其优点是：①细胞壁破裂、蛋白质变性、淀粉糊化度提高，从而其营养物质消化利用率提高 10%～35%；②饲料中脂肪从颗粒内部渗透到表面，提高饲料的适口性；③杀灭细菌等有害微生物，同时破坏了胰蛋白酶抑制因子、脲酶等抗营养因子的活性；④经过高温膨化处理，瘤胃非降解蛋白比例提高。缺点是：①膨化过程中会有一部分氨基酸被破坏，加热最易受损失的是赖氨酸，其次损失的是精氨酸和组氨酸；②过度膨化会促进美拉德反应，使蛋白质消化率降低。

六、奶牛饲料添加剂种类及其使用

动物饲料添加剂的种类多样、名目繁杂、性质各异，且不断有旧的产品淘汰或禁用、新的产品开发问世。按其对动物的作用和功能可概括分为下述类型（图 3-2）。其在饲料中的位置以及与其他饲料的关系如图 3-3。

（一）营养性饲料添加剂

由图 3-2 可知，营养性饲料添加剂包括矿物质微量元素、维生素、氨基酸和非蛋白氮等能提供营养的物质。对奶牛而言，最重要的是矿物质微量元素和脂溶性维生素添加剂，氨基酸和非蛋

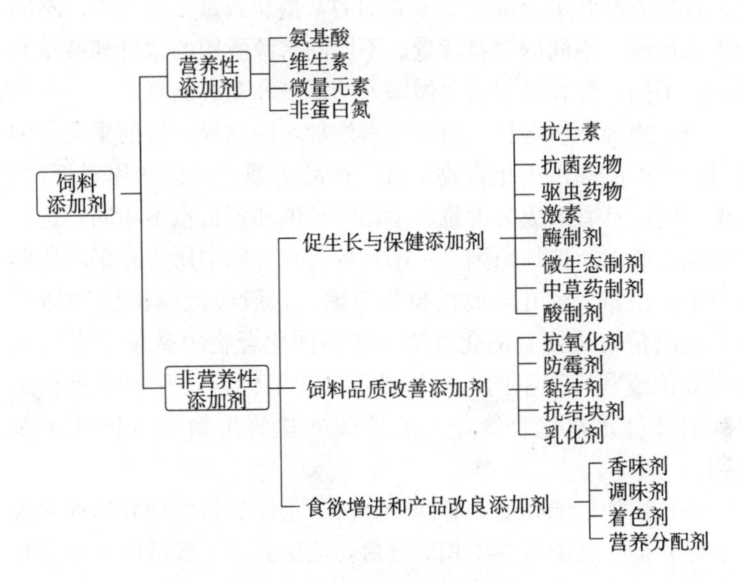

图 3-2　饲料添加剂分类

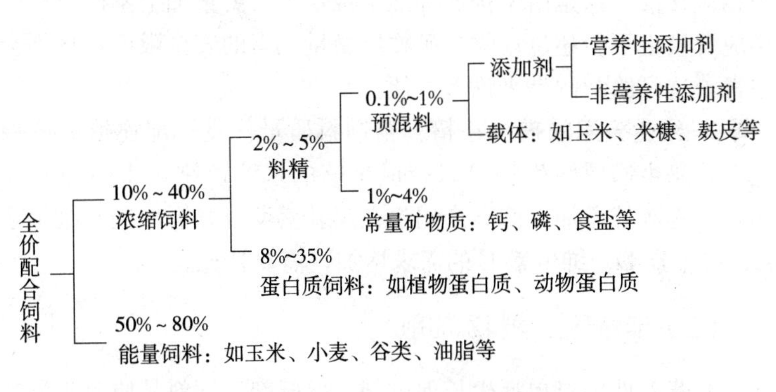

图 3-3　各级饲料关系示意

白氮添加剂使用较少。

1. 矿物质微量元素

（1）添加种类确定　首先根据奶牛饲喂的粗饲料种类、产地、日粮类型和水源确定应该添加的常量和微量元素种类。不同的生态地域、不同的饲料背景、不同的水源所用的常量和微量元素种类不同，配合饲料前要做深入的调查和精心测算。

（2）添加原料选择　微量元素添加剂的选择，目前主要是饲料级化学产品。由于化合物形式、产品类型、规格和原料细度、纯度不同，其有效成分含量、生物学价值和售价也不相同，选择时要综合考虑。选择原则是：①按各种化合物中所含元素的比例和每千克微量元素化合物的价格考虑，一般应选择提供同样数量元素时价格最便宜的化合物；②不同化合物中微量元素的生物学效价或利用率不同，应尽量选择水溶性好，动物吸收利用率高的微量元素化合物，一般地硫酸盐的生物学效价优于氧化物。

（3）添加量的确定　有两种方法：①添加量＝饲养标准中规定的需要量－基础日粮中相应含量，此法科学、经济但实际测算较烦琐；②添加量＝饲养标准中规定的需要量，即忽略基础日粮中相应含量。这是由于饲养标准中规定的需要量加上基础日粮中相应含量也不会超过动物对矿物质微量元素的安全限度，更不会中毒，这可给配制带来许多方便。

2. 维生素添加剂　在精、粗饲料质量优良、配比恰当的情况下，奶牛瘤胃微生物可以合成足够的水溶性维生素供自身使用，不必额外添加。而高产奶牛在泌乳盛期或妊娠后期对维生素A、维生素D、维生素E的需求增加，需要补充。

（二）非营养性饲料添加剂

非营养性饲料包括生长促进剂、保健剂、饲料品质改善添加剂、食欲增进和产品改良添加剂，对奶牛而言，比较重要的是可以提高饲料消化率的酶制剂、微生态制剂和可以防病的中草药添加剂。由于奶牛饲养比猪、禽类粗放，受成本影响，加之无公害养殖和产品生产的要求，抗生素、抗菌药物、激素以及其他许多制剂是禁止使用、限制使用或不适宜使用的。奶牛场（户）在购买奶牛饲料添加剂时，一定要搞清楚使用的目的，不可盲目上当受骗。

（三）使用饲料添加剂注意事项

以矿物质微量元素使用为例，其使用准则和注意事项如下：

1. 矿物质微量元素添加剂种类和添加量的确定，一定要与动物种类、生理阶段相符合。

2. 使用单体化合物不要求用高标准的纯品，但要求符合饲料添加剂的卫生标准，不得使用重金属很高的工业级产品。

3. 在确定微量元素的添加量或配比时，还应考虑矿物元素之间的干扰作用，进行元素之间的平衡，防止由于某一元素的添加而引起另一元素的不足。

4. 复合微量元素预混剂在饲料中的添加量，一般为0.2%、0.5%和1%。

5. 矿物质微量元素添加剂与维生素添加剂原则上不能混合配制，必须经过特殊的加工方法才能混合。

6. 饲喂前要进行动物毒性试验。

七、奶牛日粮配合

（一）日粮配合的原则

奶牛日粮是指一头奶牛每昼夜所采食各种饲料的总称，在生产实践中，除了种公牛采取单独饲养单独配料之外，其他牛并非按照每头需要单独配制，即按照畜群进行配合的。要让畜群中每头牛都达到日粮营养平衡几乎是不现实的，一种日粮不可能让畜群中所有的奶牛都获得营养平衡，因此，一般将奶牛按生理阶段和产量高低进行分组，然后为每组奶牛配制不同的营养平衡日粮，以此避免高产奶牛饲喂不足而低产奶牛采食过量。总之，动物日粮的配合必须符合营养全面平衡、生产性能高、安全无公害和经济合理四条基本原则。具体到奶牛上，则必须遵守以下原则。

1. 必须以《奶牛营养需要和饲养标准》（第二版）为依据，结合当地饲草饲料资源和市场情况、牛群构成及生产水平、季节与外界环境灵活掌握，酌情调整。一般地，能量的实际供给量应不超过标准的±5%，蛋白质实际供给量不超过±（5%～10%）。钙和磷的比例保持在 1.2～2∶1。

2. 必须首先满足奶牛对能量的需要，在此基础上再考虑蛋白质、矿物质和维生素的需要，并尽量满足其需要量。

3. 饲料组成要符合奶牛的消化生理特点，合理搭配。

4. 日粮组成要符合奶牛对干物质的采食能力。既要满足各种化学营养成分需要，又要满足奶牛对饲料的物理需求，让奶牛吃得饱，又吃得下。干物质采食量在不同生理时期略有不同，可参考饲养标准和实际严格计算。

5. 日粮组成要多样化，充分发挥各种饲料营养物质的互补作用，并使适口性更好。

6. 饲草饲料尽量就地取材，以降低成本。饲料生产或购买应遵循 NY5048—2001《无公害食品　奶牛饲养饲料使用准则》。根据季节和产地变化，饲料配方也应及时调整。

（二）日粮配合方法和步骤

日粮配合有试差法、方块法和计算机软件法三种方法，下面举例说明其具体步骤。

1. 试差法日粮配合

例：某场一群泌乳奶牛平均体重 600 千克，日平均产乳脂率为 3.5%的牛奶 20 千克，试为其配合营养平衡日粮。

第一步，了解奶牛营养需要。

奶牛所需的营养取决于奶牛的生理特性（体重、年龄、妊娠期和泌乳期）和生产性能（产奶量、乳脂率）等因素，可简单归为维持需要和产奶需要两大类。这可通过查阅《奶牛营养需要与饲养标准》（第二版）得知（表3-9）。

表3-9 体重600千克、日产奶20千克、乳脂率3.5%的奶牛营养需要

项 目	奶牛能量单位（NND）	可消化粗蛋白质（DCP，克）	钙（克）	磷（克）
600千克体重维持需要	13.73	364	36	27
日产20千克含乳脂3.5%的牛奶的需要	18.6	1 040	84	56
合 计	32.33	1 404	120	83

第二步，根据当地常用饲料营养成分表查出或直接测定所用粗饲料的营养成分（表3-10）。

表3-10 查表或测定得知所用粗饲料的营养成分（每千克饲料含量）

饲料种类	奶牛能量单位（NND）	可消化粗蛋白质（DCP，克）	钙（克）	磷（克）
苜蓿干草	1.54	68	14.3	2.4
玉米青贮	0.25	3	1.0	0.2
豆腐渣	0.31	28	0.5	0.3
玉 米	2.35	59	0.2	2.1
麦 麸	1.88	97	1.3	5.4
棉籽饼	2.34	153	2.7	8.1
豆 饼	2.64	366	3.2	5

第三步，首先计算奶牛食入粗饲料的营养。每天饲喂玉米青贮25千克，苜蓿干草3千克，豆腐渣10千克，可获得粗饲料可提供的营养（表3-11）。

表 3-11　粗饲料可提供的营养成分

饲料种类	数量（千克）	奶牛能量单位（NND）	可消化粗蛋白质(DCP,克)	钙（克）	磷（克）
苜蓿干草	3	*1.54=4.62	*68=204	*14.3=42.9	*2.4=7.2
玉米青贮	25	*0.25=6.25	*3=75	*1.0=25	*0.2=5
豆腐渣	10	*0.31=3.1	*28=280	*0.5=5	*0.3=3
合计		13.97	559	72.9	15.2
与需要比		−18.36	−845	−47.1	−67.8

第四步，不足营养用精料补充。每千克精料按含 2.4 个能量单位（NND）计算，补充精料量应为：18.36/2.4=7.65。如饲喂玉米 4 克、麸皮 2 千克、棉籽饼 2 千克，则补充精料后粗配的日粮配方和及营养水平营养如表 3-12。

表 3-12　粗配的日粮配方及营养水平

饲料种类	数量（千克）	能量单位（NND）	可消化粗蛋白质（克）	钙（克）	磷（克）
玉米	4	*2.53=9.4	*59=236	*0.2=0.8	*2.1=8.4
麦麸	2	*1.88=3.76	*97=194	*1.3=2.6	*5.4=10.8
棉籽粕	2	*2.34=4.68	*153=306	*2.7=5.4	*8.1=16.2
合计	8	17.84	736	8.8	35.4
粗料营养		13.97	559	72.9	15.2
精粗料营养合计		31.81	1 295	81.7	50.6
与营养需要比		−0.52	−109	−38.3	−32.4

第五步，补充能量、可消化粗蛋白质。加豆饼 0.3 千克（NND=0.3*2.64=0.729，DCP=0.3*366=109.8 克，钙=0.3*3.2=0.96 克，磷=0.3*5=1.5 克），则能量单位为 32.6，粗蛋白质为 1 404.8 克，钙为 82.66 克，磷为 52.1 克。

第六步，补充矿物质。尚缺钙 37.34 克，磷 30.9 克，补磷酸钙 0.20 千克，可获得平衡日粮。

如此，得到体重 600 千克日产含乳脂 3.5%的牛奶 20 千克的奶牛日粮结构（表3-13）。

表3-13　试差法初配的奶牛日粮组成与营养水平

饲料种类	进食量（千克）	奶牛能量单位	可消化粗蛋白质（克）	钙（克）	磷（克）	占日粮（%）	占精料（%）
苜蓿干草	3	4.62	204	42.9	7.2	6.4	
玉米青贮	25	6.25	75	25.0	5.0	53.7	
豆腐渣	10	3.1	280	5.0	3.0	21.5	
玉米	4	9.4	236	0.8	8.4	8.6	48.2
麦麸	2	3.76	194	2.6	10.8	4.3	24.1
棉籽饼	2	4.68	306	5.4	16.2	4.3	24.1
豆饼	0.3	0.79	109.8	0.96	1.5	0.6	3.5
磷酸钙	0.2			55.82	28.76	0.4	
合计	46.5	32.6	1 404.8	138.48	80.86	100	99.9

经计算，该饲料日粮中干物质和粗纤维含量如表3-14。

表3-14　该饲料日粮中干物质和粗纤维含量（千克）

项目	苜蓿干草	玉米青贮	豆腐渣	玉米	麦麸	棉籽饼	豆饼	磷酸钙	合计
干物质	3	6.25	1	4	2	2	0.3	0.2	18.75
粗纤维	0.87	1.9	0.191	0.052	0.184	0.214	0.017	—	3.428

干物质占奶牛体重3.13%，粗纤维占日粮干物质18.3%，根据经验该配方符合此类奶牛的需要。

2. 方块法日粮配合和步骤

例：要用含蛋白质8%的玉米和含蛋白质44%的豆饼，配合成含蛋白质14%的混合料，两种饲料各需要多少？

配制方法如图3-4：

先在方块左边上、下角分别写上玉米的蛋白质含量8%、豆饼的蛋白质含量

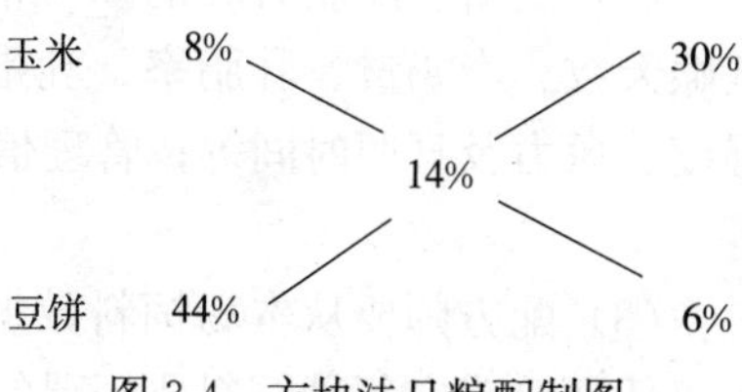

图3-4　方块法日粮配制图

44%。中间写上所要得到的混合料的蛋白质含量14%。然后分别计算左边上、下角的数与中间数值之差，所得的差值写在斜对角上，44－14＝30为玉米的使用量比份，14－8＝6为豆饼的使用量比份。两种饲料配比份之和为36%（30%＋6%），混合料中玉米的使用量应该是30%/36%，换算成百分数为83.3%，豆饼的用量是6%/36%，即16.7%。当需要配制4 000千克混合料时，需要用该种玉米83.3%×4 000＝3 332千克，用该豆饼16.7%×4 000＝668千克，此即所需要的玉米和豆饼的千克数。

日粮中维生素和无机盐的平衡：以往认为奶牛很少缺乏维生素，然而近年来实践证明，补饲维生素A以及烟酸等，对于泌乳牛的健康和生产都是很有益的。维生素A缺乏会导致受孕率低、犊牛软弱或死亡，假如奶牛没有可能得到质量好的粗料，可以每头每天补喂3万～6万国际单位的维生素A，如用注射剂，则用1万～2万国际单位，在产犊前2周的干乳期注射，或用胡萝卜素，在产犊后至再受孕之前这段期间饲喂，每头每天喂300毫克。烟酸能帮助提高泌乳水平，预防酮血症，每头每天可喂3～6克。

3. 计算机配方软件法日粮配合 计算机配方软件法日粮配合有以下步骤：

（1）首先配方师要根据本场使用的各种饲料原料的实测值，在配方软件中构建本场的基础饲料数据库，包括饲料价格、干物质、粗蛋白质、粗脂肪、粗灰分、非蛋白氮等。

（2）更新要配制日粮的奶牛信息，包括胎次、年龄、体重、妊娠天数、产奶量、乳脂率、乳蛋白率等；环境信息包括温度、湿度、风力及日照时间等；管理信息包括拴系饲养或散栏式饲养等。

（3）配方师要从本场饲料数据库中选择要饲喂的原料种类，可以凭经验确定每种饲料要饲喂的数量或使用配方软件优化功能确定每种饲料和养分的限制值（包括最小值、最大值），设定后提交确认，系统会自动生成该配方可提供的各项营养成分与模型预测值，包括饲料价格、利润、干物质采食量、能量、蛋白质、纤维素、氨基酸、矿物质及维生素等指标。

（4）配方师通过手动或优化器对配方中的饲料和数据进行调整，以达到饲料成本相对较低、满足目标动物营养多项平衡的目的。

八、奶牛的营养调控

从饲料到牛奶涉及的环节很多，主要有管理和环境的影响以及奶牛自身功能的有效发挥。单从奶牛消化系统的组成及其对营养物质的利用来看，营养物质的代谢过程相当复杂，需要多组织多器官相互协调。所以总的来说，奶牛营养调控包括奶牛整体水平、消化道以及组织代谢三个层次的调控，消化道的调控又可分为瘤网胃发酵调控和瘤胃后调控。

我们已经知道，瘤胃是一个庞大的活体发酵罐。对瘤胃微生物来说，它必须保持一个相对稳定的内环境，这包括较适宜的温度、pH、渗透压、离子浓度和氧化还原电位。还必须有相对稳定的干物质浓度和平衡的底物营养，以及严格的厌氧环境。但由于奶牛瘤胃是一个连续进食、连续发酵，后段消化道连续利用进行生产的过程，这一环境一直在不断变化，很难像工业分批发酵或连续发酵那样进行人为操作或自动化控制。幸运的是，奶牛利用自身的选择性采食、饮水、反刍、唾液分泌、呼吸、嗳气、瘤胃壁重吸收、胃肠蠕动排空等功能，就解决了物料的装填、发酵与清洗排出等十分复杂的过程，而且菌种的接种、复壮、传代均在奶牛的免疫系统参与下（抵御并消灭杂菌），在奶牛与瘤胃微生物的共生中自然进行。而发酵产物于后段在奶牛体内植物神经、内分泌、血液和淋巴循环系统参与下，由皱胃、胰脏、肝脏、小肠等消化代谢，奶牛在维持自身健康生存的同时，利用乳房合成、分泌、排乳等过程为人类生产大量乳汁。仅有少量废弃物经由粪尿排出体外。于是，这给我们一个重要的提示，要生产牛奶，人类必须依靠奶牛。这是多么廉价的生产车间。但同时也警示我们，任何时候人们要善待奶牛，给奶牛提供舒适的生活环境和良好的营养供应就是对奶牛营养代谢最大的最根本的调控。

（一）体况评分及营养调控

奶牛对营养物质的良好消化和利用是建立在奶牛整体健康的基础上的，而奶牛的体况直接反映奶牛的健康状况。因此，体况评分可看作奶牛整体水平的调控。

（二）干物质采食及营养需要调控

1. 干物质采食 饲养管理的目标应是在保证奶牛健康的同时，采取一切措施增大奶牛对干物质的采食量。影响干物质采食量的几个主要因素包括：饲喂次序、饲料颗粒大小、每日饲喂次数、饲料类型。目前，有许多奶牛场以铡碎玉米秸秆和秸秆青贮为粗饲料，玉米、麸皮、豆饼三大样配合为精饲料；还有不少奶牛场（户）饲料类型更为单一，有啥喂啥现象还较普遍。不仅干

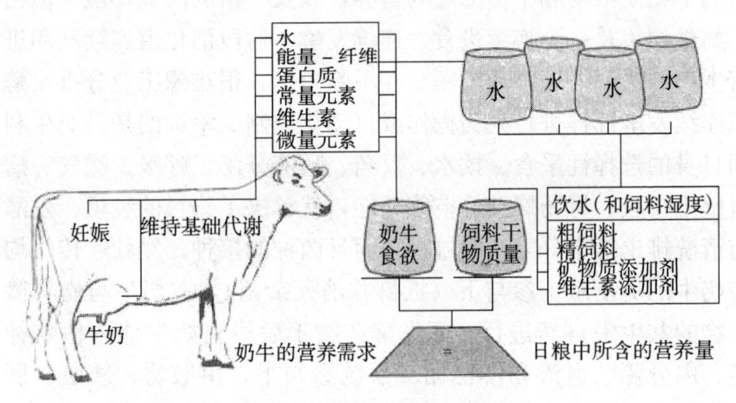

图 3-5　奶牛的营养需求与营养供给

物质采食不能满足需要，而且所采食营养很不均衡，很难发挥奶牛高产性能。但规模化奶牛场对干物质采食量非常重视，如北京、天津奶牛场已推行全株玉米青贮，并种植紫花苜蓿，配合东北羊草等作为粗饲料，设计科学的精补料配方，较好地解决了高产奶牛干物质采食问题，并在此基础上推行全混合日粮，以此增加奶牛对干物质的采食。

2. 营养需要调控 奶牛的营养需要调控即奶牛的日粮调控。前边已经强调，奶牛日粮配合要按照其营养需要合理供给（图 3-5）。做到这一点，实际上就做到了营养的有效调控。

在各种营养供应中，不仅要考虑各种营养素供应的合理数量（既不能不足，也不能过量），而且还要考虑各种营养之间的平衡，如能量与蛋白质之间，能量与纤维供应之间，饲料氨基酸之间、钙磷之间、微量元素之间都要有一个合适的比例。只有在供给营养平衡日粮的情况下，奶牛才能保持长久的健康，也才能发挥其最大的遗传潜力和最佳的生产性能（图 3-6），否则，将产生一定的损失，甚至是致命的打击。

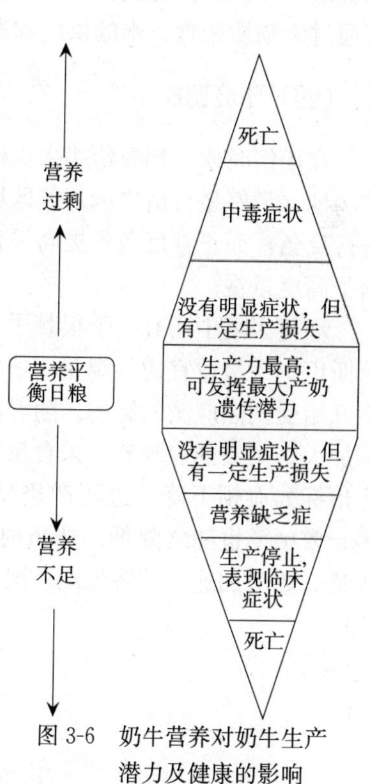

图 3-6 奶牛营养对奶牛生产潜力及健康的影响

（三）瘤、网胃发酵调控

瘤、网胃发酵调控要达到的目标：一是对瘤网胃内环境进行调控使之更有利于微生物区系建立和生长繁殖；二是对发酵的方向和进程进行调控，从而有目的地促进纤维物质的消化。

奶牛瘤胃犹如一个天然的厌氧发酵罐。瘤、网胃发酵调控主要是对瘤胃优势厌氧微生物所需的营养及生存环境的调控。营养包括碳水化合物、氨基酸、矿物质微量元素、维生素、水及其相互合适的比例；环境包括恒定的渗透压、pH 和温度等。这些均可通过干物质采食、水的供应和微量矿物盐的补加来调节。

（四）环境调控

在任何时候，都要给奶牛提供一个安静、清洁、可舒适躺卧的场地（最好是自由牛床）或区域。这有利于奶牛在采食后及时进行反刍，而正常反刍是提高采食量的前提，各奶牛场对此应当给予高度重视。

环境因素中还有一个很棘手的问题即夏季所带来的热应激。荷斯坦奶牛最适宜的气温是 10～16℃。当环境温度超过 24.5℃就开始受到热应激的影响。随着温度的升高，热应激的影响也逐渐加大。主要的表现有：采食量下降，并由此导致血液中某些生化指标如血钙下降，进而产奶量、乳脂率下降，酒精阳性乳增多，繁殖率也随之降低。严重时（如气温持续超过 40℃）食欲废绝，呼吸加速，共济失调、消瘦衰竭，患热射病而死亡。

第四章 饲养管理

科学饲养管理可分为科学饲养和科学管理两方面。科学饲养技术性较强，如饲料选择、日粮平衡、饲喂方法的设定等专门的知识技能；而科学管理技巧性很强，是奶牛场生存和发展的基础。一方面，没有完善而科学的管理，再好的条件、再好的技术都是徒劳的和低效的；另一方面，没有配套而科学的饲养技术，其管理是盲目的和空洞的，也不会奏效的。因此，在具体的实践中必须把两者有机地结合起来，才能上水平、增效益。

一、犊牛的饲养管理

（一）新生犊牛的护理

1. 清除黏液 犊牛出生后立刻用消过毒的毛巾擦去犊牛鼻孔和口腔中的黏液，确保呼吸通畅。若发现犊牛不呼吸，可用一根稻草插入鼻孔 5 厘米左右反复刺激促其呼吸。若不奏效，立即倒提犊牛，轻轻拍打胸部和喉部，使黏液从鼻孔中排出并擦干，以免黏液吸入气管。

2. 脐带消毒 犊牛出生后，脐带要用无菌剪刀距离腹部 6～8 厘米处剪断并将脐血挤出，然后用 5%碘酒浸泡消毒。

3. 建档案 当脐带处理完毕后，将犊牛全身擦干，然后称重、编号、画花片或照相片、填写牛籍卡，移入犊牛笼。

4. 哺喂初乳 第一次初乳应在犊牛出生后 30 分钟内喂给，

最迟不应超过 1 小时，初乳喂量首次要大，至少应喂 2 千克。在出生后 6 小时左右饲喂第 2 次初乳，以便犊牛在出生后 12 小时内获得足够的抗体。每天喂 3 次（6 千克），两天后即可转喂常乳。饲喂初乳提倡用橡胶奶嘴，以利于建立充分的吮奶反射。之后，逐步用吮吸手指的办法，调教犊牛用奶桶吮奶。初乳的温度应经水浴加热至 38～39℃，过凉或过热都会造成危害。

干奶 60 天左右的健康经产母牛的初乳是优质初乳。可用低温冷冻的方法将多余的初乳保存下来，以替代下列情况的初乳：稀薄、水样的，含血的，患乳腺炎的，新购进的或头胎的，产犊前挤奶或漏奶的。初乳质量与免疫球蛋白效价可以采用初乳测定仪等检测评定。

（二）哺乳期犊牛饲养管理

1. 哺乳量 经过长期的生产实践和理论研究，目前许多奶牛场逐步减少哺乳量和缩短哺乳期，一般全期哺乳量 300 千克，哺乳期 2 个月左右。具体哺乳方案如表 4-1。

表 4-1 犊牛哺乳方案

饲喂阶段	天数	日喂奶量（千克）	总喂奶量（千克）
1～7 天	7	4	28
8～14 天	7	5	35
15～35 天	21	6.5	136.5
36～50 天	15	5	75
51～55 天	5	3	15
56～60 天	5	2	10
合计			299.5

缩短哺乳期、减少哺乳量培育犊牛，主要目的是在犊牛断奶前训练好采食精料的能力，满 4 月龄平均日增重达到 0.8 千克以上，平均体高比出生时增长 12 厘米以上。

2. 植物性饲料的饲喂 采用缩短哺乳期、减少哺乳量培育犊牛的技术关键在于早期训练犊牛采食精料的能力。一般犊牛在生后一周开始训练采食精料。训练犊牛采食精料时，开始将20克精料混入牛奶饮喂，2～3天后将精料放到料槽里，令其自由采食。

犊牛的精料也称犊牛开食料，是根据犊牛营养需要而配制的一种适口性强、易消化、营养丰富，适用于4月龄以内犊牛营养需要的混合精料。

营养含量为：粗蛋白质18%～18.5%，(不能含非蛋白氮)；粗纤维含量低于8%，且富含维生素及微量元素；能量7.94兆焦/千克；钙0.9%；磷0.45%。此外，还应添加抗生素及驱虫药。一般开食料应是颗粒饲料。同时，2月龄以内的犊牛应避免饲喂青贮饲料。

在早期训练采食植物性饲料的情况下，6～8周的犊牛，前胃发育已达到相当的程度，当犊牛连续3天可采食精料1千克时即可断奶。

3. 哺乳期犊牛的管理 犊牛的培育是一项细致而又十分重要的工作，对犊牛环境、牛舍、用具卫生等均要有严密的管理措施，以确保犊牛的健康成长。

(1) 饲养与卫生管理 饲喂哺乳期犊牛时要做到“五定”、“四勤”和“三不”。即定质、定量、定时、定温、定人、勤观察、勤消毒、勤换褥草、勤添料、不混群饲养、不喂发酵饲料、不喂饮冰水。

▲定质 劣质或变质的牛奶、含抗生素的牛奶、发霉变质的开食料以及被污染的饮水禁止饲喂；发霉、潮湿、坚硬、含有农药残留的褥草禁止使用。

▲定量 每日、每次的喂量按饲喂计划进行合理分配，同时按犊牛的个体大小、健康状况灵活掌握。饲料变量和变更要循序渐进。

▲定时 犊牛每天可喂2～4次，一旦喂奶时间和次数固定

下来，就要严格执行，不可随意更改。

▲定温　喂奶的温度要控制在35～40℃，一般夏天控制在34～36℃，冬天控制在38～40℃，奶温不可忽冷忽热。

▲定人　固定的饲养人员熟悉犊牛的食量和习性，频繁更换会产生较大应激，影响犊牛发育。生产实践中，犊牛饲养要由有经验和有责任心的人员担任。

▲勤观察　饲养人员应每天三次观察犊牛的采食、饮水、排便及精神状态，发现异常及时采取相应对策。

▲勤消毒　饲养人员应每天对水槽、料槽和地面进行清理、刷洗和消毒。犊牛转出后，应彻底消毒牛床、牛栏及用具，并空置1周以上，方可再次投入使用。

▲勤换褥草　褥草必须保持干净、干燥、足量，否则应立即添加和更换。

▲勤填料　饲料按犊牛实际采食量分多次添加，确保随时吃到新鲜饲料。做到每天人工清槽一次。

▲不混群饲养　犊牛混群饲养会增加水平传染疾病的风险。所以应单独饲养。

▲不喂发酵饲料　在犊牛断奶之前，胃肠道生物菌群不健全，对粗饲料的消化能力很差，故不准饲喂青贮、酒糟等发酵饲料。

▲不喂饮冰水　奶牛在任何时候都不能饲喂冰水，尤其是哺乳犊牛，很容易引起消化不良和拉稀。

（2）防寒保温　0～3天犊牛由于抗寒能力较差，应保持环境温度不低于18℃，新生犊牛适宜饲养在室内高床犊牛笼内，并采取保暖措施。犊牛从舍内转移至舍外时，应采取适当措施减少应激。

（3）环境　犊牛的生活环境要求安静、清洁、干燥、背风向阳、冬暖夏凉。

哺乳期犊牛应一牛一栏单独饲养，以保证犊牛健康成长。

（4）饮水　犊牛每次喂乳1～2小时后，喂饮适量温水。开始应人为控制饮水，以防胀肚，7～10 天后逐步过渡到自由饮水。控制饮水时，每天饮水次数与喂奶次数相同。夏天控制饮水时，每次饮水量应从 0.5 千克逐步增加到 1.5 千克，温度从 30℃逐步降低到 15℃；冬天控制饮水时，每次饮水量从不给水逐步增加到 1.0 千克，温度从 35℃逐步降低到 15℃，以适应自由饮水，防止发生下痢。

（5）去角　犊牛出生后 2～5 周去角。过早应激过大，容易造成犊牛疾病和死亡；过晚角基生长点角质化，容易造成去角不彻底而再次长出。常用的去角方法有电烙铁法和火碱棒法。

①电烙铁法　选择枪式去角器，其顶端呈杯状，大小与犊牛角的底部一致。去角时将犊牛简单保定，防止挣扎。将去角器通电 10 分钟加温至 480～540℃后，放在犊牛角突起的基部处 10 秒钟，或者使基部组织变为古铜色为止（图 4-1）。用电烙铁去角比较简单，一般不出血，在全年任何季节都可进行，适用于 15～35 日龄的犊牛。但在使用时应注意烙烫时间和位置，防止去角不彻底或造成颅内损伤。

图 4-1　电烙铁法去角

②火碱棒法　首先将犊牛角突起的基部周围3厘米处剪毛，用5%碘酊消毒，注射麻醉剂，周围涂凡士林，以防火碱液外流伤及犊牛眼睛。术者手持火碱棒在角突起的基部涂搽到基部组织皮下出血为止。在操作过程中，术者应带防腐手套，防止火碱烧伤手臂皮肤。

去角后24小时内要防止雨水或者奶汁等液体淋湿犊牛头部。

（6）去除副乳头　奶牛乳房有四个正常的乳头，但有的牛在正常乳头的附近有小的副乳头，应将其除掉。去副乳头的最佳时机在2～4周龄。先对副乳头周围清洗消毒，再轻拉副乳头，用消毒剪刀在副乳头基部剪除，然后5%碘酒消毒即可（图4-2）。

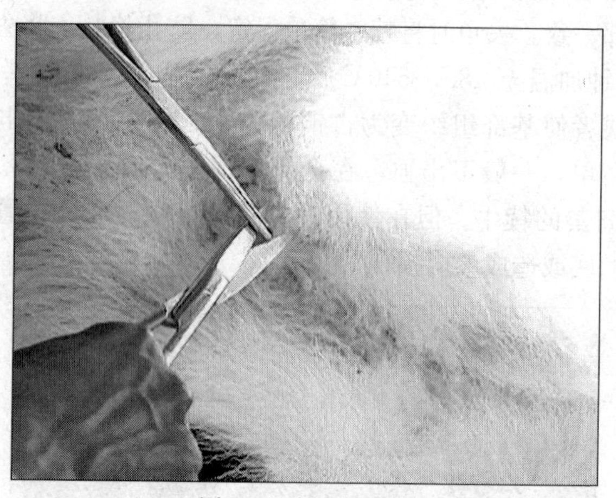

图4-2　去除副乳头

（7）做好断奶准备　严格执行饲养方案，60日龄结束哺乳期，当犊牛连续3天采食颗粒料达到1～1.2千克时可进行断奶，断奶时测量体重后转入断奶犊牛群，也可在原处饲喂1周，做好断奶阶段的过渡饲养。

（三）断奶至6月龄犊牛的饲养管理

在正常饲养管理条件下，断奶后犊牛每天能采食2～3千克精料时（4 月龄左右），可改为育成牛精料。

犊牛断奶前 15 天左右应进行小群饲养，使环境应激与断奶应激在时间上错开。断奶后日粮品种质量应与断奶前相一致，但特别强调精料做到自由采食。同时，要酌情供应优质牧草。这种饲养法到满 4 月龄为止。如果犊牛断奶后有 1～2 周增重较低，被毛缺乏光泽，可能是由于前胃机能和微生物区系正在建立，尚未发育完全的缘故，另一方面也说明奶、料、草（优质）的过渡不完美，或者犊牛精料质量有问题（满 4 月龄犊牛平均日增重 850 克以上为目标）。

5～6 月龄犊牛是从犊牛期到育成期的过渡时期，此期生长迅速，采食粗料的能力大为提高，在饲养实践中应以育成日粮为主，酌情添加 3～4 月龄阶段的精补料，但应防止此期过肥。

二、育成牛饲养管理

通常情况下把 7～14 月龄尚未参加配种的后备牛称为育成牛。此期后备牛瘤胃机能相当完善，可让育成牛自由采食优质粗饲料，如牧草、青贮等，但全株青贮要限量饲喂，以防止肥胖。此期精补料喂量依据粗料质量酌情添加 0.5～2.5 千克，以调节日粮营养浓度，即粗蛋白质 12%～14%，能量 6.27 兆焦/千克，钙 0.8%，磷 0.5%。育成母牛一般在 10 月龄出现发情征候，待到 13～15 月龄，体重达到成年体重的 60%～70%时进行配种。育成牛平均日增重应限制在 700～750 克，初配时一般南方奶牛为 360 千克以上，北方为 380 千克以上。

育成牛正处于生长发育期，加大运动量对增强体质大有好处。因此，对于舍饲培育的育成牛除暴雨、烈日、狂风、严寒外，可将育成牛终日散放在运动场上，运动场应设饲槽和饮水池。

此期争取目标为第 15 月龄达到 380 千克以上，体高应达到

125 厘米以上，体况评分 2.5～2.75 分，适时进行配种。

三、青年牛饲养管理

我们把 15 月龄配种以后至分娩前的后备牛称为青年牛。青年牛应加强饲养，应在育成牛日粮基础上，适当增加 1～1.5 千克精料，粗饲料尽量优质并强化调制，增强适口性，以促进生长发育，争取到青年牛怀孕满 5 个月之前，平均日增重达到 850 克以上，但此期体况评分不能超过 3.5 分。

从怀孕 6 个月至分娩阶段的青年牛应单独组群饲养，平均日增重应控制在 800 克之内，否则会导致胎儿过大引起难产。

在产前 21 天应转入围产前期牛群饲养，逐渐增加精料喂量，以适应产后高精料的日粮，但食盐和矿物质的喂量应进行控制，全株玉米青贮、苜蓿也要限量饲喂，以防产后疾病的发生。总之，在整个后备阶段，在不过肥的前提下，特别强调体重和体高的增长速度。

因为第一胎产犊时体重与第一泌乳期产奶量在一定范围内呈正相关，育成牛、青年牛都应加强饲养，适度提高日粮营养水平，满足蛋白质和钙的需要，特别强调粗饲料的质量和数量，全程控制日粮能量水平，以促进其骨架快速增长，使其在产犊时达到理想体重和理想框架。

四、成母牛饲养管理

（一）一般饲养管理

一般饲养管理技术就是饲养奶牛普遍遵循的饲养管理的基本原则和基本方法，这些第三章已经有所论述，本章再强调以下几方面：

1. 饮水 泌乳奶牛一般情况下平均每天饮水 7～10 次，干奶牛平均每天饮水4～5次；每天饮水量为干物质进食量的3～4倍；奶牛饮水提倡自由饮水，尽量多设饮水点，水槽总长度应达到每头成母牛15厘米；水温5～20℃为宜；同时注意保持水质清洁。

2. 肢蹄护理 定期用5%～10%的硫酸铜或3%福尔马林溶液浴蹄；对异形蹄要及时修蹄，一般情况下每年春、秋两次修蹄；同时要注意牛床、运动场以及其他活动场所，不能有凹坑、凸坎，不能有尖锐铁器、碎石、玻璃等杂物，以保护肢蹄。

3. 刷拭与运动 每天刷拭牛体，可避免发生体外寄生虫，促进牛体血液循环和新陈代谢。通过刷拭牛体还能使奶牛养成温顺的性格，利于管理。

运动能增强体质，增进食欲，预防腐蹄病，改善繁殖机能；同时运动有利于观察发情及疾病，还有利于接受紫外线照射，促进钙营养代谢，因此奶牛每天应至少户外活动2～3小时。

（二）阶段饲养法

成母牛根据不同生理状况可分为干奶期、围产期、泌乳盛期、泌乳中期和泌乳后期5个阶段。由于这5个阶段生理特性和营养需求差异很大，因此生产实践中通常按阶段分群饲养。

1. 干奶期 通常把成母牛临产前55～70天称为干奶期。

（1）干奶期的意义

①乳腺组织周期性休整 母牛体内的乳腺组织经过一个泌乳期的分泌活动，需有一个周期性的休整，以便于乳腺分泌上皮细胞进行再生、更新，为下一个泌乳期能正常泌乳做准备。

②瘤网胃机能恢复 母牛的瘤、网胃经过了较长时期高精料日粮的应激，也需要通过饲喂粗饲料来恢复正常机能。

③恢复体况 母牛经长期泌乳和妊娠，消耗了体内大量的营养物质。因此，也需要干奶期让奶牛体内亏损的营养得到补充，并且能贮积一定的营养，为胎儿发育和下一个泌乳期能更好地泌

乳打下良好的基础。

④治病　治疗某些在泌乳期不便处理的疾病，如隐性乳腺炎或调整代谢紊乱。此外，干奶期也是奶牛修蹄护蹄的好时机。

(2) 干奶时间的长短　干奶时间的长短视奶牛的具体情况而定。原则上对体弱母牛、老年牛、高产牛以及产犊间隔短的牛，干奶期可适当延长，但最长不要超过70天，否则导致胎儿造成难产，影响产奶量。对于身体强壮、营养状况良好、产奶量较低的奶牛，可适当缩短干奶期，但最短不宜少于40天，否则乳腺组织没有足够时间进行再生、更新。

(3) 干奶的方法　奶牛在接近干奶期时，乳腺分泌活动还在进行，高产奶牛甚至每天还能产奶20千克以上。但不论产奶量多少，到了预定停奶日，均应采取果断措施进行停奶。

干奶的方法有2种，即逐渐干奶法和快速干奶法。

①逐渐干奶法　具体方法：在预定停奶前1～2周开始改变挤奶次数和挤奶时间，由每天3次挤奶改为2次，而后1天1次或隔日1次；改变日粮结构，停喂糟粕料、多汁饲料及块根饲料，减少精料，增加干草喂料，以抑制乳腺组织分泌活动；当奶量降至4～5千克时，一次挤净即可。

这种干奶法适于患隐性乳腺炎或过去难以停奶的高产奶牛。但因其停奶操作时间较长，控制营养不利于牛体健康，所以目前较少采用。

②快速干奶法　即在预定干奶之日不论当时奶量多少，即由有经验的挤奶员，认真热敷按摩乳房，将奶挤净。挤完后即刻用酒精消毒，而后向每个乳区注入一支有长效抗生素的干奶药膏，最后再用3%次氯酸钠或其他消毒液浸浴乳头。

这种停奶方法，充分利用乳腺内压加大，抑制分泌的生理现象来完成停奶工作，且可最大限度地发挥母牛泌乳潜力，直到预定停奶之日为止。但对曾有乳腺炎病史或正患乳腺炎的母牛不宜采用。同时，对于奶量较高（20千克以上）的奶牛，建议在干奶前一天，停止饲喂精料，以减少乳汁分泌，降低乳腺炎的发病率。

无论采取何种干奶方法，乳房经封口后即不再触动乳房，即使洗刷时也防止触摸它。在干奶后的7天内，每日2次观察乳房的变化情况（是否有红肿、热、痛）。乳房最初可能继续充胀，5～7天后乳房内积奶逐渐被吸收，10～14天后，乳房收紧松软，处于休止状态，停奶工作结束。

若停奶后乳房出现过分肿胀、红肿、发硬或滴奶现象，应重新挤净后再行干奶。一般在干奶前10～15天，均应进行隐性乳腺炎检查，因此期治疗乳腺炎效果最佳。兹简介加州乳腺炎试验（CMT，California Mastatis Test）和体细胞记数（SCC）如下：

加州乳腺试验：将被检牛4个乳区的奶，分别挤在诊断盘4个小室内，倾斜诊断盘，倒出多余奶，使每个小室内保留乳汁2毫升，分别加入2毫升试剂于小室内，呈同心圆摇动诊断盘，最后判定结果。当牛奶含有较多的白细胞或分泌组织脱落的上皮细胞时，试剂即与这些细胞中的脱氧核糖核苷酸起凝胶反应，混合液黏稠，同时因酸碱度发生变化，颜色呈紫色，即说明该乳区患有隐性乳腺炎。

对隐性乳腺炎检查呈强阳性（＋＋或体细胞数在90万以上）的乳区，应用抗生素治疗转阴后再进行干奶，否则在干奶过程有恶化的可能。

体细胞记数是DHI测定技术中评价乳房健康程度的一项指标，参加DHI测定的奶牛每次测定都有1个体细胞记数，一个泌乳期可有10个以上体细胞记数，干乳时可做参考。

（4）干奶期饲养管理

①干奶期的饲养　干奶牛的饲养目标：保证胎儿生长发育良好；保持最佳的体况（3.5～3.75分）；控制围产期消化代谢疾病，即乳热症、皱胃移位、胎衣滞留和酮病等。

干奶牛日粮以粗饲料为主，蛋白质水平为13%～15%，能量为4.18～5.02兆焦/千克，钙为0.6%，磷为0.3%～0.4%。日粮干物质喂量应在奶牛体重的1.8%～2.2%，其中，粗料的进食量至少达体重的1%或日粮干物质的60%。豆科牧草要限量饲喂，一般不超过1.5千克/天，以防摄入过多的钙、钾，导致乳房水肿、乳热症等。

此外干奶牛日粮特别注意矿物质、维生素A、维生素D、维生素E的补充和平衡。矿物质要注意避免过量的钙，并保持钙与磷的比例为1.5～2∶1。同时，注意日粮钾的水平，如果日粮干物质中钾的含量超过1.5%，将会影响镁的吸收以及钙的代谢，导致乳热症、胎衣滞留以及奶牛倒地综合征的发生。食盐按日粮干物质的0.25%供给并禁用缓冲剂。维生素A、维生素D、维生素E对于干奶牛的健康至关重要，胎衣滞留与维生素A、维生素E的缺乏有关，维生素D参与钙的代谢。

②干奶期的管理

卫生管理：干奶牛新陈代谢旺盛，每天必须加强对牛体的刷拭，以清除皮肤污垢，促进血液循环。同时保持牛床清洁干燥，勤换褥草。

运动：干奶牛每天户外运动2～3小时，以促进血液循环、利于健康。同时，增加日照有利于皮内维生素D的形成，预防产后瘫痪。

分群饲养：干奶牛之间的生理状态、生活习性比较相近，应单群饲养。

2. 围产期饲养管理

围产期：奶牛分娩前三周和分娩后两周称为围产期。

(1) 围产前期的饲养　由于胎儿和子宫的急剧生长压迫消化道及分娩前血液中雌激素与皮质醇激素上升，使围产前期的奶牛干物质进食量显著降低。

据报道，奶牛产前7～10天进食量降低20%～40%。因此，此阶段应提高日粮营养浓度，在保证奶牛营养需要的同时调整微生物区系，以适应产后高精料日粮。同时，增喂精料还可以促进瘤胃内绒毛组织的发育，增强瘤胃对挥发性脂肪酸的吸收能力。对于体况过肥的牛应在日粮中添加6～12克的烟酸，以降低酮病和脂肪肝的发病率。为预防乳热症的发生，应将日粮钙含量降为20～40克/天、磷为30克/天、钙磷比为1∶1，钠和钾也应控制，避免乳房过度水肿。

（2）围产前期的管理　围产前期的奶牛应纳入产房进行管理。产房要昼夜有专人值班，发现奶牛精神不安、停止采食、起卧不定、频排粪尿、后躯摆动等临产征候时，立即用0.1%高锰酸钾液或2%来苏儿溶液，擦洗生殖外阴部及后躯，并备好消毒药品、产科绳及剪刀等用具。奶牛分娩时环境必须保持安静，并尽量让其自然分娩，一般从阵痛开始需1～4小时，犊牛即可顺利产出。如发现异常，技术人员及时进行助产。奶牛分娩后应尽早趋其站立，以免子宫外翻。

（3）围产后期的饲养　奶牛分娩体力消耗很大，应及时饮温热的麸皮盐钙汤10～20千克（麸皮500～1 000克、食盐50克、石粉50克），以利于奶牛恢复体力和胎衣排出。

若在产后3小时内，静脉注射20%的葡萄糖酸钙500～1 000毫升，可预防胎衣滞留和乳热症的发生。为使奶牛恶露排净和产后子宫早日恢复，还应饮热益母草红糖水（益母草粉250克，加水1 500克煎10分钟后加红糖0.5千克，再加水3千克，饮食温度为40℃），每天一次，连服3天。产后1周内，饲养上以优质干草为主，自由采食，精料在产前的基础上逐日增加0.5千克，对于食欲旺盛的多加快加，反之则少加慢加。同时在加料过程中要观察粪便，发现粪便稀且恶臭或乳房水肿，就应适当减少精料并对症治疗。待恢复正常后，再逐渐增加精料，青贮、块根、糟渣要适当控制，待奶牛恶露排净、乳房水肿消失后，再按标准喂给。

（4）围产后期的管理　奶牛分娩过程中卫生状况与产后生殖

道感染关系极大。因此，分娩后应及时将奶牛后躯乳房和尾部的污物清洗干净，被污染的垫草清除干净并消毒后，铺上干垫草。产后牛冬天要注意防寒及贼风，夏季要注意防暑降温，避免太阳直射。

3. 泌乳盛期饲养管理

(1) 泌乳盛期的饲养　我国《高产奶牛饲养管理规范》中把奶牛产后第16～100天称为泌乳盛期。奶牛产后产奶量上升很快，一般6～8周即可达到产奶高峰。产后虽然食欲也开始恢复，但10～12周干物质采食量才达到高峰，由于干物质采食量的增加跟不上泌乳对能量需要的增加，奶牛能量代谢呈现负平衡，不得不分解体组织以满足产奶的营养需要。因此，尽快安全地达到产奶高峰，尽量减轻能量负平衡的程度，尽量缩短能量负平衡的时间是这个时期饲养方面的主攻目标，为此采取预付饲养法，即从产后10～15天开始，除根据体重及产奶量按饲养标准给予饲料外，每天额外多给1～2千克精料，只要奶量能随饲料增加而上升就继续增加。待到增料而奶量不再上升后才把多余的精料降下来，降至与产奶量相适应为止。与此同时，增喂块根多汁饲料、优质青贮饲料和适口性好的牧草数量。

添加过瘤胃脂肪，提高日粮浓度：泌乳盛期奶牛处于能量负平衡状态，日粮中添加过瘤胃脂肪能增加日粮能量浓度，可以用安全的精粗比例（55∶45）来满足奶牛的能量需要，从而缩短了能量负平衡的时间，减轻了能量负平衡的程度。

提高日粮中过瘤胃蛋白质（氨基酸）的比例：泌乳盛期奶牛饲喂常规日粮，同样会出现蛋白质供应不足的问题。奶牛对产犊后添加过瘤胃蛋氨酸和赖氨酸有明显的增奶效果。此外，采用TMR、增加精料饲喂次数、改变粗料物理状态、添加缓冲剂都是增加采食量的好方法。

泌乳盛期日粮浓度标准为：粗蛋白质17.5%～19.5%，能量6.98～7.36兆焦/千克，钙0.9%～1.1%，磷0.48%～

0.55%，过瘤胃蛋白质 35%～40%，中性洗涤纤维 28%～31%，脂肪 5%～7%，精粗比为 60～55∶40～45。

（2）泌乳盛期的管理

①精心饲养，及时对应　奶牛泌乳高峰期出现在产后 6～8 周，持续 3～4 周后开始缓慢下降，下降幅度每天 0.07 千克。若奶量下降幅度过大，大多是日粮营养和卫生方面的问题。若奶牛达到高峰但不能持续，应检查日粮能量的情况；若奶牛未达到预期的产奶高峰，应检查日粮蛋白质水平。

正常情况下，在产后 50～70 天，高产奶牛体重下降 35～55 千克，初产母牛体重下降 15～25 千克。如果体况或体重下降过大，可能是由于饲喂不足或日粮适口性太差或营养代谢疾病所致。

②均等挤奶间隔　泌乳盛期产奶总量占胎次产奶的 45%～47%，因此，每 8 小时挤奶一次或每 6 小时挤奶一次，有利于提高整个泌乳期产奶量和母牛健康。

③及时配种　奶牛产后 1 个月左右，生殖系统已经康复，产后 60 天即可抓紧配种。对产后 45～60 天、尚未出现发情征候的奶牛，必须及时检查，尽早采取措施。

④改善环境条件，提高奶牛舒适度　干燥、干净、舒适的环境对泌乳盛期奶牛至关重要，夏季通风、喷淋等防暑降温，冬季预防贼风侵袭，安装旋转牛体刷，定期环境消毒等均可收到良好效果。

4. 泌乳中期饲养管理　我国《高产奶牛饲养管理规范》中把奶牛产后 101～200 天称为泌乳中期。这个时期，一方面多数奶牛产奶量开始逐渐下降；另一方面奶牛食欲旺盛，采食量达到高峰。

这一阶段在饲养管理上，一要注意控制月产奶量下降幅度在 7%以内；二要区别对待，防止低产牛过度肥胖；三要密切关注配种情况。

此期日粮浓度标准为：粗蛋白质含量为15%～17%，过瘤胃蛋白质33%～35%，能量浓度6.81～6.98兆焦/千克，钙0.9%～1.1%，磷0.4%～0.5%，中性洗涤纤维28%～33%，精粗比为45～50：55～50。

5. 泌乳后期饲养管理 奶牛产后201天至干奶之前的一段时间称为泌乳后期。

其特点是：此期由于受胎盘激素和黄体激素的作用，产奶量开始以每月8%～12%的幅度下降。这个时期应按体况和泌乳量进行饲养。同时泌乳后期是奶牛增重、恢复体况的最好时期，应尽量使奶牛在干奶前体况达到3.2～3.7分。

此期日粮浓度标准为：粗蛋白质14%～15%，过瘤胃蛋白30%～35%，能量6.44～6.9兆焦/千克，钙0.85%～0.95%，磷0.38%～0.42%，中性洗涤纤维不少于34%～40%，精粗比为40～45：60～55。

（三）TMR饲养

全混合日粮是根据奶牛的营养需要，将粗料与精料以及矿物质维生素等各种添加剂，在饲料搅拌车内充分混合、适度切割而得到的一种营养平衡的日粮。

1. TMR饲养技术要点

（1）合理分群，一般情况下成母牛应分六群即：泌乳盛期、泌乳中期、泌乳后期、干奶期、围产前期及围产后期。

（2）经常监测日粮及其原料的营养含量，TMR水分要控制在50%左右。

（3）科学配制日粮，日粮的营养要平衡和均匀，TMR粒度适宜。

（4）按奶牛生理阶段投料。

（5）监测饲喂效果，如牛奶产量、牛奶成分、粪便形状及成分分析等。

2. TMR 配制加工工艺

（1）根据 TMR 配方设计“用餐单” 根据奶牛头数、饲喂次数、TMR 设备容量，按照 TMR 配方每日设计各群奶牛的饲喂方案，习惯称之为“用餐单”。

（2）日粮原料的添加顺序 原料的几个特性能够对混合效果带来影响。例如：颗粒度、颗粒形状、比重、吸湿性能、流动性、黏度等，其中颗粒度、颗粒形状和比重对混合均匀度的影响最大。

日粮原料的添加顺序受饲料搅拌机的类型不同而不同。卧式和立式搅拌机（车）的加料顺序分别如下。

①卧式饲料搅拌车加料顺序 先加精料，之后加入干草，搅拌数分钟后加入青贮饲料，然后再加入多汁饲料和液体饲料，最后再根据需要加水。

②立式饲料搅拌车加料顺序 先加长干草，搅拌数分钟后加入精料，接着加入切短的粗料和青贮玉米，再加入多汁饲料和液体饲料，最后根据需要加水。

（3）混合时间 掌握适宜搅拌时间的原则是确保搅拌后 TMR 中至少有 15%的粗饲料长度大于 1.8 厘米。一般情况下，加入最后一种饲料继续搅拌 3～8 分钟，每车 TMR 从饲料加入到搅拌结束总的时间控制在 30 分钟以内。

3. TMR 饲喂注意事项

（1）确定饲喂次数 夏季成母牛每天投料 3 次以上，后备牛 2～3 次；其他季节成母牛每天投料 2～3 次，后备牛每天投料 1～2 次。成母牛要保证每次挤奶后有新鲜的饲料可供采食。

（2）饲喂量调整 TMR 专员应到牛舍观察奶牛日粮投放均匀度、采食及剩料情况、根据上次采食剩料量和天气情况来决定本次的制作量。如果日剩余量占投喂量 3%～5%，则说明 TMR 投喂量适宜。如果少于 3%，则说明投喂量不足，应该适当增加。如果超过 5%，则要按超过的数量递减。调整制作量时要以日粮配方来调整，即按头份调整，不能只增减某种 TMR 原料。

（3）每天要估测 TMR 剩料的数量和品质，每周至少应称重 1 次，每 2 周取剩料样品送化验室检测营养成分。

（4）每天至少清槽 1 次。夏季每周至少刷槽 1 次，并用 0.2%高锰酸钾溶液对食槽进行消毒。

（5）确保饲槽 22 小时不空槽。定时推扫 TMR，一般 1～2 小时推一遍。

（6）奶牛 TMR 水分低于 50%时应加水至 50%，后备牛 TMR 水分低于 55%时，应加水至 55%。

（7）每头每日 TMR 采食量变动超过 5 千克时，应及时调整 TMR 配方；TMR 原料干物质变动超过 3 个百分点时，需及时调整奶牛用餐单。

4. TMR 质量监控　TMR 质量的好坏除了与营养成分关系密切外，还与 TMR 颗粒大小、混合均匀度以及适口性有关，直接影响奶牛采食量、反刍情况、粪便性状、体况以及生产性能。因此，可以通过这些指标对 TMR 进行质量评价和监控。

（1）粒度评定　利用 4 层式宾州分级筛，取新鲜 TMR 样品 800～1 000 克置于分级筛内，把分级筛沿每个方向用力晃动 5 次，循环 2 次，共计 40 次。计量每层饲料重量，并计算各层所占比例。若第一层所占比例高于标准，说明粒度过大，切割不充分；若第一层所占比例会低于标准，说明粒度过小，切割过度。生产实践中一定要严格监控，认真执行粒度标准。

（2）混合均匀度评定　饲料混合均匀度影响 TMR 质量。通常在饲槽纵向 4 个不同部位取新鲜 TMR 样品各 1 个，单独用宾州分级筛测定各层比例，然后比较各样品的一致性。如果样品间同层变异低于 10%，说明 TMR 混合均匀；如果大于 10%，说明 TMR 混合不均匀，一方面会造成奶牛挑食过多的精料而引起瘤胃酸中毒或体况过肥；另一方面会造成部分奶牛采食精饲料不足而影响产奶量或体况偏瘦。

（3）TMR 采食情况评价　合格的 TMR 可刺激奶牛的食欲，

从而使奶牛每天的干物质采食量最大化。因此，可通过奶牛采食时的积极程度、实际的采食量以及饲槽中剩料情况来对 TMR 配方及制作效果进行评估。过长或者质量较差的粗饲料对干物质采食量有抑制作用。其原因在于奶牛采食较多消化率低的日粮时，日粮在瘤、网胃中发酵时间较长，瘤胃排空速度变慢，因此抑制奶牛的采食量；反之，加快瘤胃排空速度，促进奶牛采食，提高采食量。

（4）奶牛粪便评价　成年母牛一天排粪 8～12 次，排粪量为 20～35 千克，在采食和瘤胃消化正常的情况下，奶牛排出的粪便落地有“扑通”声，落地后的粪便呈叠饼状，中间有较小的凹陷。如果奶牛粪便普遍较稀，则提示日粮中含有过多的精饲料或缺乏有效的 NDF；如果奶牛粪便普遍过于干燥，厚度过高，则提示 TMR 纤维量过多或精饲料饲喂量过少；如果一个群体奶牛采食同一个 TMR，奶牛排出的粪便干稀不均匀，则提示日粮混合不均匀或粒度不合适，奶牛出现挑食行为，当然也提示奶牛处于疾病状态。

（5）反刍评价　如果日粮配方设计合理，TMR 加工达到标准，奶牛就会有足够反刍，生理指标和生产状况就趋于理想。奶牛采食后 0.5～1 小时便开始反刍，每天有 7～10 小时进行反刍。反刍时，每咀嚼 1 千克干物质可以分泌 6～8 千克唾液，唾液中含有丰富的 Na^{+}、HCO_3^{-} 和其他无机元素等缓冲物质，一头奶牛每天产生的唾液量为 160～180 千克，缓冲作用相当于1.2～1.4 千克碳酸氢钠，这可中和瘤胃内酸度，防止瘤胃 pH 急剧下降，维持瘤胃健康环境。奶牛群休息时，如果反刍的奶牛达到50%以上，说明这个牛群 TMR 混合均匀度、粒度及饲养环境适宜，奶牛瘤胃功能正常；如果反刍的奶牛低于 50%，说明 TMR 铡切过短、精料过多或饲养环境恶劣，奶牛可能患有瘤胃酸中毒，提示我们要跟踪评定 TMR 搅拌效果、重新评定 TMR 配方或要关注饲养环境。另外，还可以根据观察反刍次数、咀嚼时间来分析 TMR 精粗比是否合适。在一定范围内，饲料中物理有效纤维含量越高，奶牛咀嚼的时间就越长。由此可见，对于高精料日粮，如果没有优质、足够的物理有效纤维饲料，仅仅依靠每日添加的 50～100 克碳酸氢钠来缓冲瘤胃中的酸，有点杯水车薪。

（6）奶牛生产性能评价 TMR 配制的根据之一就是奶牛的生产性能，包括产奶量、乳成分、牛奶尿素氮含量等指标，生产性能测定（DHI）结果可直接反应奶牛个体和群体生产性能。因此，可利用 DHI 测定数据来检验 TMR 配方和制作效果。

①产奶量 一般情况下，如果饲喂 TMR 后产量下降或没有达到预期的目标，可能存在两种情况：一是奶牛对饲喂的 TMR 不适应而影响采食量，提示要检查 TMR 生产过程、原料品质、TMR 水分含量、TMR 粒度等；二是 TMR 能量水平、蛋白质含量、能氮比例、氨基酸组成等不合理，提示要重新优化 TMR 配方。一般要求奶牛的实际产奶量和 TMR 配方预期的产量之间不应超过 3 千克。

②乳成分 奶牛采食 TMR 后，如果实际产奶量与 TMR 配方预计的产奶量一致或偏高，但乳脂率偏低，则可能是由于精粗比例过高，日粮 NDF 含量偏低或粗饲料粒度太细。如果乳蛋白偏低，则可能是日粮中可发酵碳水化合物含量偏低，导致瘤胃微生物蛋白质合成不足，也可能是日粮中蛋白质品质差、氨基酸不平衡，导致小肠可消化氨基酸品质差和总量偏少，也提示采食量不足。

③牛奶尿素氮含量 牛奶中尿素氮（milk urea nitrogen，MUN）可反映体内氮代谢情况，进而反映日粮蛋白质水平、瘤胃能氮平衡和奶牛对氮瘤胃利用率。

正常情况下牛奶中尿素氮含量为 0.14～0.18 毫克/毫升。

如果牛奶中的尿素氮含量高于 18 毫克/分升，则有可能是以下原因：日粮中蛋白质含量过高，瘤胃蛋白降解率过高，日粮中非蛋白氮过多，瘤胃快速降解碳水化合物不足。能氮不平衡。这些情况都提示 TMR 制作不合理或配方不合理。

（四）体况评分及其应用

奶牛对营养物质的良好消化和利用是建立在奶牛整体健康的基础上的，而奶牛的体况直接反映奶牛的健康状况。因此，体况评分可看作奶牛整体水平的调控。

观察发现，牛群中常常会出现过于肥胖或过于瘦弱的牛只。母牛产犊时过于肥胖，往往容易导致采食量下降，而且多发生代谢疾病及产科病（如脂肪肝、酮病、真胃移位、难产、胎衣不下、子宫内膜炎和卵巢囊肿）；反之，过于消瘦的泌乳牛，由于缺乏足够的体能储备支持泌乳需要，导致泌乳期峰值不高，持续期短，产奶量低。对于后备牛，营养不良会延迟初情期，影响投产时间；而对于性成熟前（12 月龄）过于肥胖的育成牛，则因为其乳房内沉积大量的脂肪，妨碍了乳腺组织的发育，造成终生产奶量不高。因此，奶牛体况是反映奶牛高产与健康的标志，也是奶牛营养代谢规律及人们饲养效果的客观反映。

1. 评定时间 奶牛各个阶段均可以进行体况评定，但生产中常常有具体规定。

（1）青年母牛一般自 6 月龄开始，每隔 1～2 个月进行 1 次体况评定，重点是 6～12 月龄、第一次配种及产前 2 个月。

（2）成母牛一个产奶周期应该进行 5 次体况评定，即分娩期、泌乳高峰（产后 21～45 天）、配种时（产后 60～110 天）、泌乳后期（干奶前 60～100 天）和干奶期。泌乳牛也可以每月评定一次。

2. 评分方法 评定时，将牛拴于牛床上，评定人员通过对评定部位的目测和触摸，结合整体印象，对照标准给分。

具体评定过程： 首先观察牛体的大小，整体丰满程度。然后触摸短肋肋间部位，再从肋骨滑向脊背，沿着脊椎骨感觉脂肪沉积，再从背部，沿着韧带到腰角，然后从腰角至臀角到尻角，评估其肌肉、脂肪多少及凹陷深浅，最后把手从尻角向上至尾根，触摸该部位脂肪的多少及凹陷深浅。

3. 给分原则　奶牛体况评定侧重于背线、肋骨、腰臀及尾根等部位，根据肌肉和脂肪沉积程度给予相应的分值，现行的5分制，评定方便，但不准确。为了简化评定工作，同时考虑生产应用的需要，建议分为9个级别，即在5分制的基础上，将介于两者之间的膘情，按倾向对整分值进行加减：2－，2，2＋；3－,3，3＋；4－，4，4＋。对极端肥胖（4.5分以上）或极端消瘦（1.0分以下）奶牛只登记归类，不进行评分。

4. 评分标准　奶牛体况评分的给分标准见表4-2和图4-3。

表4-2　奶牛体况评分标准

体况评分	评分标准	备　注
1.0分	脊椎骨明显，节节可见，背线呈锯齿状 腰横突之下、两腰角之间及腰臀之间有深度凹陷 肋骨根根可见、腰角及臀端轮廓毕露 尾根下凹陷很深，呈V形	奶牛极度消瘦，呈皮包骨头状
2.0分	脊椎骨突出，背线呈波浪形 腰横突之下、两腰角之间及腰臀之间呈明显凹陷 肋骨清晰，腰角及臀端突起分明 尾根下凹陷明显，呈U形	整体消瘦但不虚弱，有精神感
2.5分	脊椎骨似鸡蛋锐端，看不到单根骨头 腰横突之下、两腰角之间及腰臀之间凹陷 肋骨可见，边缘丰满，腰角及臀端可见但结实 尾根两侧下凹，但尾根上已开始覆盖脂肪	较清秀，是泌乳早期牛、性成熟前期牛的理想体况
3.0分	脊椎骨丰满，背线平直 腰横突之下略有凹陷 肋骨隐约可见，腰角及臀端较圆滑 尾根两侧仍有凹陷，尾根上有脂肪沉积	清秀健康是泌乳中期牛的理想体况
3.5分	脊椎骨及肋骨上可感到脂肪沉积 腰横突之下凹陷不明显 腰角及臀端丰满 尾根两侧仍有一定凹陷，尾根上脂肪沉积较明显	是泌乳后期牛、干奶前期牛及青年牛产犊时的理想体况

（续）

体况评分	评分标准	备注
4.0分	脊突两侧近于平坦，肋骨不显现 腰横突之下无凹陷 尻部肌肉丰满，腰角与臀端圆滑 尾根两侧凹陷很小，尾根上有明显脂肪沉积	属丰满健康体况，是干奶后期奶牛、围产期奶牛的理想体况
4.5分	背部结实多肉 腰角与臀端丰满，脂肪堆积明显 尾根两侧丰满，皮肤几乎无皱褶	属肥胖体况
5.0分	背部隆起多肉 腰角与臀端非常丰满，脂肪堆积非常明显 尾根两侧显著丰满，皮肤无皱褶	属过度肥胖体况

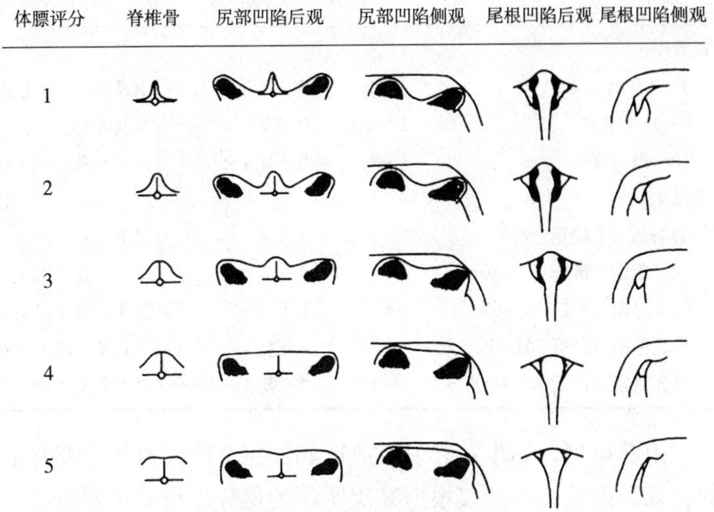

体膘评分　脊椎骨　尻部凹陷后观　尻部凹陷侧观　尾根凹陷后观　尾根凹陷侧观

1

2

3

4

5

图 4-3　体况评分标准

5. 体况评分的应用　现代奶牛生产依据阶段饲养理论，将育成牛和泌乳牛的饲养分别划分为若干阶段，强调与此对应，奶牛在每个时期应有一定的体况表现，如干奶期间牛的体况应达到并保持在3.25～3.75分的水平，而泌乳盛期则保持在2.5～3.25分为好。如此，凡体况评分符合阶段要求的牛统称为一类牛；评分偏离要求的称为二类牛（在理想分值范围以外超过0.5分）；评分远离要求（在理想分值范围以外超过1.0分）的称为三类牛。其营养监测的目的是要巩固一类牛，减少二类牛，消灭三类牛，逐步提高一类牛的在群比例，使整个牛群更加整齐、健康和高产。

根据研究与观察，对三种类型牛划分的标准如表4-3。

表4-3　奶牛三种类型牛划分标准

生理阶段	类别及评分		
	一类牛	二类牛	三类牛
育成牛			
3～9月龄	2～2+	2－及3	2－以下及3+（以上）
9～18月龄	2+～3	2及3+	2－以下及4（以上）
19～24月龄	3～3+	3－及4－	2+（以下）及4（以上）
成母牛			
干奶期（干奶至产犊）	3+～4－	3及4	3－（以下）及4以上
围产后期（产犊后15天）	3～4－	3－及4	2+（以下）及4以上
泌乳盛期（产后16～100天）	2+～3	2及3+	2－（以下）及4以上
泌乳中期（产后101～200天）	3－～3	2+及3+	2（以下）及4以上
泌乳后期（产后201～305天）	3～3+	3－及4－	2+（以下）及4以上

由此可见，奶牛在其发育或产奶的每个阶段对体况都有不同的要求。因此，不能仅根据某次所评的得分进行简单判断，应将评分结果和评定时奶牛所处相应阶段的理想要求比较，划分类型，只有一类牛是符合标准的，而其他类型情况是需要调整和控制的。调控的方法是根据所处的类型，并结合前后两次评分成绩的变化进行群体营养水平的调整，或个体饲喂量的增减。一般

地，在大规模散栏式按阶段分群饲养的牧场可逐群随机抽查20%的牛进行评分，规模较小、未按阶段分群的牧场应逐头评定。如某阶段牛群中二、三类牛占该阶段饲养总数的比例超过30%，则应考虑调整该阶段牛日粮结构（精粗比例）或营养水平（混合精料配方）。对体况不合格奶牛或牛群也可以采取增减喂料量的办法进行调控，如对二类牛在原有喂量的基础上增减精料0.5～1千克，而对三类牛则应增减1～1.5千克。待下次评定成绩出来后，再作调整。

五、挤奶与鲜奶初步处理

（一）挤奶操作规程

挤奶技术是发挥奶牛产奶性能的关键之一，同时挤奶技术还与牛奶卫生及乳腺炎的发病率直接相关。目前，挤奶方式有2种，即手工挤奶和机械挤奶。

1. 手工挤奶操作规程

（1）经常修剪乳房上过长的毛。

（2）挤奶员要修剪指甲，挤奶前洗净双手，并备好挤奶桶、滤奶杯、药浴杯、干净毛巾、温水等。

（3）将每个乳区的第1～2把奶挤入带网面的滤奶杯中，检查牛奶中是否有凝块、絮状物或水样奶、血奶，触摸乳房，判断是否患有乳腺炎。

（4）对健康奶牛乳头用药浴液进行药浴，30秒后擦干，开始挤奶。擦干乳头可选用一次性消毒纸巾或消毒毛巾，毛巾应一牛一条，不得交叉或重复使用。

（5）挤奶用桶应覆盖纱布以防毛发、灰尘等污物掉入奶桶。

（6）挤奶时挤奶员应在奶牛右侧后1/3～2/3处，与牛体纵轴呈50°～60°的夹角。手工挤奶应以拳握法为主，下滑法为副。手工挤奶强调挤奶速度和每次挤奶量，以80～120次/分、1～2

千克/分为宜。挤奶完毕必须及时进行乳头药浴。

（7）在挤奶时严格遵循先挤健康牛后挤病牛，先挤高产牛后挤低产牛的原则。挤奶要一鼓作气，充分利用奶牛的排乳反射，力争 8～10 分钟挤奶完毕。

（8）对有踢人恶癖的奶牛态度要温和，严禁拳打脚踢。必要时用绳将两后腿绑在一起。

2. 机器挤奶操作规程　手工挤奶存在着很多问题，如劳动量及效率问题、挤奶员挤奶技术问题、牛奶卫生质量问题。随着时代的进步，手工挤奶已经被机械挤奶所替代，目前规模化奶牛场已经实现挤奶机械化。

机器挤奶技术要点：

（1）在挤奶前应做好如下准备工作：清洁双手，保持双手干净，勤修指甲；洗洁布清洗干净、消毒。消毒杯中药浴液必须加满、勤换，所有挤奶工具准备到位。

（2）打开挤奶器电源开关，检查真空度、脉动频率是否符合要求。

（3）检查废弃的头 1～2 把奶，检查是否有乳房炎、血奶，乳房是否有损伤，及时发现及时申报治疗，然后对健康奶牛乳头药浴 20～30 秒。

（4）用纸巾擦干乳头上的药液残留（一头牛一条纸巾），迅速套上乳杯开始挤奶。

（5）从挤奶员接触奶牛开始到上机挤奶时间不得超过 1.5 分钟。

（6）挤奶过程要检查乳杯位置并及时调整、检查每个乳区排乳情况，如果乳区泌乳量差异较大时，对较少乳量乳区及时调整乳杯位置，提前使用假乳头。

（7）挤奶结束必须在 15 秒内完成药浴，药浴顺序为两个前乳头、两个后乳头，严禁顺序颠倒。

（8）一般情况下，不准使用加强键和不脱落键，不得压节、搜节（对乳房炎、乳区有问题的牛必须搜节，个别难挤的牛可以使用两个键和压节）。

(9) 遇瞎乳区的牛，必须用假乳头填充奶杯，不得强制折叠奶杯。

(10) 患乳房炎的牛，在兽医治疗期间，必须严格护理，对具有隐性乳房炎的牛，挤完后必须清洗挤奶管道。

3. 挤奶机的清洗（CIP 循环自动清洗程序） 清洗挤奶设备主要是要达到有效控制细菌的目的，是去除挤奶后残留在牛奶管内的物质，进行杀菌消毒，因此清洗程序应当于挤奶完后立刻进行。

(1) 送奶 先用空气将管道中剩奶压净（间断放气，时间≤5 分钟），在通往奶缸的管道中的牛奶应放入桶内并迅速倒入奶缸。防止牛奶污染，细菌数上升。

(2) 预冲洗 先将奶杯组洗净再装入吸水盘，水温控制在35～45℃，用水量以冲洗后水变清为止。

(3) 碱洗 预冲洗后立即进行碱洗，清洗水温达到 75～80℃，加入碱性清洗液（500 克）循环（时间为 8～10 分钟）。循环清洗后水温不能低于 40℃（浓度 pH＝11），（水量在标准线上）。

(4) 酸洗 水温在 35～45℃加入酸液（500 克），作循环清洗，时间为 5～8 分钟（浓度 pH＝3，水量在标准线）。两天清洗一次。

(5) 消毒 在挤奶前半小时用清洁温水冲洗，挤奶后用二氧化氯消毒粉（水位必须在标准线）加入温水（35～45℃）冲洗10 分钟（浓度为 0.01%）。

(6) 关机 在操作时或操作结束如要关机必须先打开真空放气，以免损坏真空泵旋片。

（二）鲜奶的初步处理

1. 过滤 手工挤奶的过滤多在牛舍中借助于安装在大奶桶

桶口上的过滤筛进行过滤，这种过滤筛可以初步滤出较大的异物。也可直接用消毒纱布进行过滤，将纱布叠成3～4层，扎在盛奶桶口上，再将挤出的奶通过纱布倒入桶中起到过滤作用。纱布每次用后立即洗净、消毒、干燥后存放在清洁干燥处备用。

规模化机器挤奶的奶牛场，大多通过在输奶管上隔断加装过滤网纸对奶进行压滤。压滤时，过滤器进口与出口的压力差不宜超过68.6帕，否则过大的压力会使杂质越过过滤层，重新进入奶中。

2. 冷却与贮存 刚挤出的牛奶接近牛的体温，很适合于细菌的繁殖。因此，过滤后的牛奶应立即进行冷却。冷却一方面可延长奶中抗菌特性的作用时间，另一方面低温又可有效抑制微生物的繁殖速度。

（1）水池冷却法 水池的大小与深度，应视奶桶多少与大小而异，池的进水口应设在池下部，而出水口与奶桶肩部同高，池的底部设有镀锌管架，以使奶桶底部接触冷水迅速冷却。采用此法要根据水温变化进行必要的换水，并不断搅拌牛奶，以便均匀降温。水的深度应到奶桶脖为宜。该方法适合于无冷却设备的个体户和小型奶牛场。

（2）冷却器冷却法 一般较大型的牛场采用，多采用片式热交换器冷却牛奶。片式热交换器是由许多有一定纹路的不锈钢薄片组成，当这些薄片被重叠压紧时构成两个通路，一个是牛奶通路，另一个是冷水或热水通路。两个通路相同，工作时牛奶与冷剂（冷水或冰水）从两个方向在各片中相间流动，牛奶在两片之间与冷剂进行热交换，以便在短时间内将牛奶温度降至冷剂温度。

牛奶冷却后，应置入贮奶罐贮存。贮奶罐由双层不锈钢板构成，在壁与壁之间有隔热层，内壁抛光，利于清洗。为了防止脂肪上浮贮奶罐，必须装有自动搅拌装置。牛奶适宜保存温度为2～4℃，最高不超过6℃（表4-4）。

表 4-4　奶的保存时间和冷却保存时间的关系

奶的保存时间（小时）	奶应冷却保存的温度（℃）
6～12	10～8
12～18	8～6
18～24	6～5
24～36	5～4
36～48	2～1

六、奶牛繁殖

（一）母牛生殖器官和生理功能

母牛的生殖器官包括卵巢、输卵管、子宫、阴道、尿生殖前庭、阴唇和阴蒂等。

1. 卵巢　没有妊娠的母牛卵巢呈椭圆形，长度 4～6 厘米，直径 2～4 厘米，附着在卵巢膜上、子宫角尖端外侧。青年母牛，其卵巢位置通常在耻骨前缘之后，而经产母牛，由于子宫角常常垂入腹腔，因此，其卵巢大多位于耻骨前缘的前下方。卵巢的功能是：

（1）产生卵子　母牛发情周期正常时，卵巢 21 天排出一个成熟卵子。

（2）分泌雌激素及孕酮　能调节卵巢内卵细胞的生长发育；发情时影响母牛的性行为；使生殖道为妊娠做好准备。

2. 输卵管　母牛体内的输卵管左右各一条并将左右两侧的子宫角和卵巢连接起来，长为 15～30 厘米，有许多弯曲，管的上 1/3 段较粗，称为壶腹，是卵子受精的场所。

3. 子宫　子宫分为子宫颈、子宫体及子宫角 3 部分。

（1）子宫颈　是精子通往子宫的必经之道。牛的子宫颈长 5～10 厘米，直径为 2.5～5 厘米，中心是一条狭窄的通道。

(2) 子宫体　子宫体是两个宫角汇合的地方，子宫体是胎儿生长发育的器官。没有妊娠的母牛子宫体的长度不到 5 厘米左右。左右各有一个呈弓形的子宫角。

(3) 子宫角　母牛的子宫角长 20～40 厘米，青年母牛的子宫角弯曲如绵羊角状，位于骨盆腔内；经产牛的较长，垂入腹腔。靠子宫体一端的子宫角直径较大，靠卵巢一端的子宫角直径比较小。

4. 阴道　阴道位于直肠腹侧，阴道腔为一扁平的缝隙，前段为子宫颈突出部与阴道腔形成的阴道穹隆，后段以尿生殖前庭的尿道外口和阴瓣为界，全长 22～28 厘米。阴道是交配时精液注入的部位，同时也是分娩时犊牛产出的通道。

5. 尿生殖前庭　尿生殖前庭是从阴瓣到阴门裂的短管，长约 10 厘米，在前庭两侧壁黏膜下层有前庭大腺，发情时分泌液增多。

6. 阴唇　阴唇为母牛生殖道的最末端部位，由左右两片构成，中间形成阴门裂。

(二) 发情与发情鉴定

1. 发情

(1) 初情期　母牛出现第一次发情或排卵的年龄称之为初情期。当育成牛的体重达到成年体重的 40%～50%即进入初情期，因此，生长发育较快的育成牛在 6～8 月龄时就出现初情期，有些营养不良的育成牛，初情期可延迟至 18 月龄。

(2) 产后发情　母牛产犊后，经过一定的生理恢复期，会出现发情。产后生理的恢复包括卵巢功能、子宫形态和功能以及内分泌功能的恢复等过程。子宫复旧一般需要 21～50 天，经产牛、难产牛和有产科疾病的母牛，则需要更长的时间，母牛才出现发情。

(3) 发情周期　发情周期指两次发情之间的间隔时间。发情周期平均为 21 天，一般是 20～21 天。有时发情周期短于 18 天或长于 24 天，也不一定都是不正常表现。母牛站立不动让其他牛爬跨是母牛发情的最好指标。

发情周期可划分为四个不同的阶段：发情早期、发情盛期、发情后期（出血期）和间情期。

发情早期：发情早期是指一个发情周期末了和新一轮发情期开始之间的过渡阶段。这一时期持续 1～3 天（即发情周期的第 20 天和 21 天）。发情早期的特征是黄体退化，新的卵泡进入最后的成熟阶段并为新的发情期做准备。

发情盛期：奶牛发情盛期持续 8～30 小时，是母牛表现性接受时期（即发情周期的第一天）。这一时期也是母牛允许公牛或其他牛爬跨的唯一时期。母牛被其他母牛爬跨时静立不动是母牛发情的最好指标。卵子和卵泡在发情盛期达到最后成熟阶段。

发情后期（出血期）：发情后期出血是指母牛生殖道出血并可在母牛尾部和阴门处见到血迹，这一现象通常在发情盛期后 3 天出现，见到出血时才给母牛配种就太晚了。这种情况下，应该根据出血日期预测母牛下一期发情时间，通常下一次发情应在出血后 18～21 天出现。

间情期：母牛发情排卵后，卵巢上排卵部位逐渐形成黄体，黄体分泌孕酮，孕酮对下丘脑繁殖中枢形成反馈抑制，阻止了新卵泡的发育和雌激素的分泌，母牛进入间情期。处于间情期的母牛性情安静，食欲恢复正常，阴道封闭干涩，不追逐爬跨，也不爬跨别的牛只。但是，如果奶牛发情后没有及时配种，则在间情期中间，子宫等部位分泌大量前列腺素，前列腺素将黄体溶解，卵泡再次开始发育，随着卵泡发育和激素周期性变化，奶牛将进入下一个发情时期。

2. 发情鉴定

（1）外部观察法

①发情早期　主要表现有：母牛频频试图爬跨其他母牛；追

寻其他母牛并与之为伴；发情母牛被其他牛爬跨时，尚不愿接受，一爬即跑；兴奋不安，敏感，哞叫；阴门略肿胀。

②发情盛期　此期表现为：母牛被其他牛爬跨时，后肢开张，静立不动；爬跨其他母牛；不停地哞叫，不安，食欲减退，甚至出现拒食，排尿、排粪增多，产奶量下降；嗅闻其他母牛外阴或尿液，或试图将其下巴搁在另一母牛的尻部上并进行摩擦；阴门红肿，湿润发亮，黏液多、透明含少量气泡。

③发情后期　此期表现为：不接受其他母牛的爬跨；发情母牛被其他母牛闻嗅或有时闻嗅其他母牛；尾部有干燥的黏液。

发情后1～4天约有90%的育成母牛和50%的成母牛可从阴道排出少量血。据调查，在输精后第二天出现流血的受胎率最高。

（2）直肠检查法　用手通过直肠来触摸卵巢上的卵泡发育情况，以此来查明母牛的发情阶段，判断真假发情，确定输精时间，是目前生产中最常用、效果也最为可靠的一种母牛发情鉴定方法。

①检查方法　顺着子宫颈向前缓缓伸进，在子宫颈正前方由食指触到一条浅沟，此为子宫角间沟。沟的两旁各有一条向前弯曲的圆筒状物，粗细近似于食指，这就是左右两个子宫角。摸到后手继续前后滑动，沿子宫角的大弯，向下向侧面探摸，可以感到有扁圆、柔软而有弹性的肉质，即为卵巢。

找到卵巢后，可用食指和中指夹住卵巢系膜，然后用拇指触摸卵巢的大小、形状、质地和其表面卵泡的发育情况，判断发情的时期及输精时间。

②卵泡发育　母牛在发情过程中卵泡的发育可分为以下4期。

卵泡出现期：卵泡稍增大，卵泡直径为0.5～0.75厘米，触诊时为一软化点，波动不明显，这时期母牛已开始表现发情。

卵泡增长期：卵泡增大到1～1.5厘米，呈小球形，触摸时波动明显，母牛发情表现已由旺盛进入后期。

卵泡成熟期：卵泡不再增大，但泡壁变薄，紧张度增强，直肠触摸有一触就破之感，母牛发情表情不明显，不接受爬跨，是输精配种的最佳时期。

排卵期：卵泡破裂，卵泡液流失，泡壁变为松软，成为一个小凹陷。排卵后6～8小时，黄体开始生长，凹陷逐渐被黄体填平。

（3）发情观察时间　大约25%的母牛发情出现在18：00～24：00；43%的母牛发情出现在0：00～6：00；22%的母牛发情出现在6：00～12：00；总之，一天24小时都有母牛发情的可能性。

（三）人工授精

1. 冷冻精液贮存　冷冻精液通常贮存在液氮罐内。冷冻精液贮存过程中应注意以下事项。

（1）根据冷冻精液贮存性能的要求，定期填加液氮。应以标尺定期检查罐内液氮水平面，当罐内液氮不足原容量1/3或距贮冻精面5厘米时，即应补充液氮。

（2）液氮罐内取用冻精时动作要快，冻精在液氮颈部的停留时间不得超过5秒，以免温度回升影响精子的活力。取用后随手加盖，以防液氮蒸发过快和异物掉入罐内。

（3）经常检查液氮罐状况，如发现罐外壳有白霜出现，说明该罐已损坏，应立即将精液移至其他罐内。

（4）液氮罐不宜放置在阳光能照射的地方。

2. 冷冻精液的剂型　目前冷冻精液的剂型主要有颗粒和细管两种。

（1）颗粒冷冻精液　这种方法设备简单，冷冻操作程序简便，但存在不易标记、容易污染以及解冻再稀释等问题。

（2）细管冷冻精液　塑料细管精液卫生条件好、精子损失少、易标记。

3. 输精前的准备工作 输精是人工授精的一个技术环节，适时而准确地把一定量的优质精液输送到发情母牛的子宫体，是保证取得较高受胎率的重要环节。

（1）母牛的准备 母牛一般可站在颈枷牛床上保定后进行。将被配母牛的尾巴拉向一侧，用1%新洁尔灭或0.1%高锰酸钾溶液洗净外阴部，并用干毛巾擦干净。

（2）输精器械的准备 输精所用的器械，必须严格消毒。一支输精器每一次只能为一头牛输精。

（3）输精人员的准备 输精人员的指甲需剪短、磨光，消毒手臂，并用消毒毛巾擦干。操作时应带好长臂手套，在手套内预先放入少量滑石粉，使手能较为方便地伸入手套。同时输精人员应穿上工作服。

（4）精液解冻 冷冻精液解冻的温度以及操作是否得当，直接影响精子的活力。

颗粒精液的解冻：常用稀释液为含有2.9%的柠檬酸钠溶液，方法是先在100毫升蒸馏水中加入2.9克柠檬酸钠（2个结晶水），使其充分溶化，再过滤，冷却后备用。也可以用维生素B_{12}作解冻稀释液。解冻步骤是：将1～2毫升的稀释液倒入指形管内，水温40±2℃时投入颗粒冷冻精液，轻摇使其迅速融化。

细管精液的解冻：可将细管直接投入35～36℃温水中，40秒后取出备用。解冻后的精液应在15分钟内输精，以防精子的第二次冷冻应激。如果要到较远的输精点去输精，保存时需注意：精液解冻时的温度不宜高于10℃；在保存过程中需要保持恒温，切忌温度升高。

4. 适时输精

（1）输精时间 一般认为，母牛发情开始后12～18小时输精受胎率最高；从黏液上区别，当黏液由稀薄透明转为黏稠微混状态；如通过直肠检查卵泡发育情况，当卵泡直径约1.5厘米以上，波动明显，一触即破时，为配种最佳时期。

（2）输精技术　奶牛的输精有两种方法，即阴道开张器输精法和直肠把握子宫颈输精法。目前广泛应用的是直肠把握子宫颈输精法。

（四）妊娠与分娩

1. 妊娠诊断　妊娠诊断常用的方法有直肠检查法和B超检查法。

（1）直肠检查法　是判断是否妊娠和妊娠时间的最常用且最可靠的方法。

奶牛妊娠21～24天，在排卵侧卵巢上，有发育良好、直径为2.5～3厘米的黄体，90%是怀孕了。没有怀孕的母牛，通常在第18天黄体就消退，因此，没有发育完整的黄体。但胚胎早期死亡或子宫内有异物也会出现黄体，应注意区别。

妊娠30天后，两侧的子宫角不对称，孕角略粗，质地松软，有波动感，孕角的子宫壁变薄；而空角仍然维持原有状态。用手轻握孕角，从一端滑向另一端，有胎膜囊从指间滑过的感觉，若用拇指与食指轻轻捏子宫角，然后放松，可感到子宫壁有一层薄膜滑过。

妊娠60天后，孕角明显增粗，相当于空角的2倍左右，波动感明显，角间沟变得宽平，子宫开始向腹腔下垂，但依然能摸到整个子宫。

妊娠90天，孕角的直径为12～16厘米，波动极明显，空角也增大了1倍。角间沟消失，子宫开始沉向腹腔，初产牛下沉要晚一些。子宫颈前移，有时能摸到胎儿。

妊娠120天，子宫全部沉入腹腔，宫颈已超过耻骨前缘，一般只能摸到子宫的背侧，孕侧子宫动脉的妊娠脉搏明显。

在以后直至分娩，子宫进一步增大，沉入腹腔甚至抵达胸骨区；子叶逐渐大如胡桃、鸡蛋；子宫动脉越变越粗，粗如拇指。

空怀侧子宫动脉也变粗，出现妊娠特异脉搏。

（2）B超检查法（图4-4）

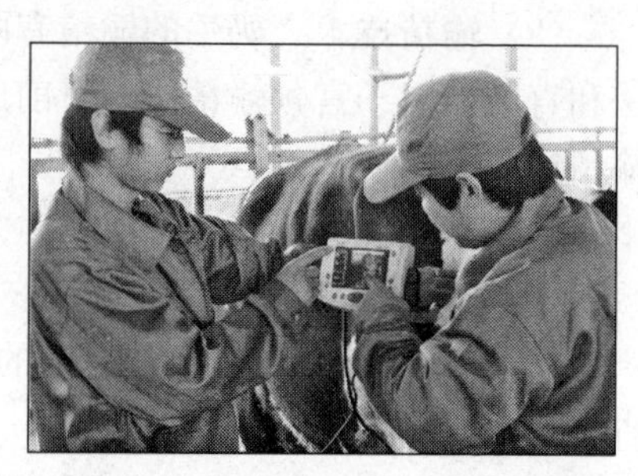

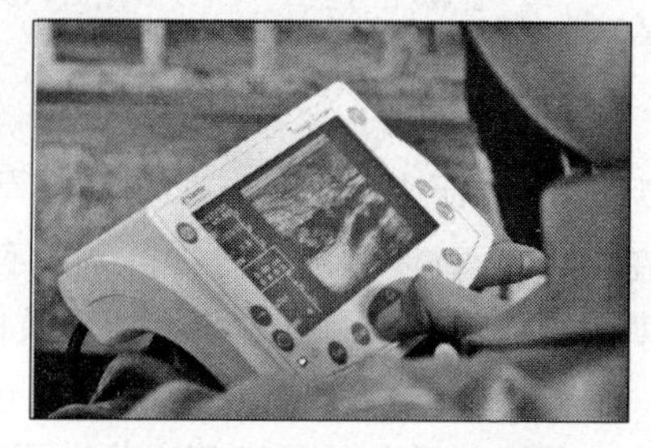

图4-4　兽医在进行妊娠诊断

①使用B超可以准确地检出配种后30天母牛是否妊娠（育成牛在配种后24天可检孕），而一般配种员可在40天时检出怀孕。

②使用B超对配种后30天确定没有受孕牛只，可直接进行技术处理。而通过徒手直肠检查，对未孕牛只进行处理也要在40天以后。

③对于直肠检查感觉怀孕天数不准确的，可加以确认。B超可准确测量出胎龄，还可检出胎儿性别。

④可直观判断黄体和卵泡以及炎症，图像清晰可靠，并能永久保存。

2. 妊娠诊断中的常见错误

（1）胎膜滑感判断错误　当子宫角连同宽韧带一起被抓住时就会误判胎膜滑感；当直肠从指间滑落时同样容易错判。

（2）误认膀胱为怀孕子宫角　应注意膀胱为一圆形器官，而不是管状器官，没有子宫颈也没有分叉。分叉是子宫分成两个角的地方。正常时在膀胱顶部中侧可摸到子宫。膀胱不会有滑落感。

（3）误认瘤胃为怀孕子宫　因为有时瘤胃压着骨盆，这样非怀孕子宫完全有可能在盆腔的上部。如摸到瘤胃，其内容物像面团，容易区别。同时也没有胎膜滑落感。

（4）误认肾脏为怀孕子宫角　如仔细触诊就可识别出叶状结构。此时应找到子宫颈，看所触诊器官是否与此相连。若摸到肾叶，那就无波动感，也没有滑落感。

（5）阴道积气　由于阴道内积气，阴道就会膨胀，不细心检查可误认它是子宫。按压这个“气球”并将奶牛后推，就会从阴门放出空气。

（6）子宫积脓　检查时可触摸到膨大的子宫，且有波动感，有时也不对称，可摸到黄体。仔细检查会发现子宫紧而肿大，无胎膜滑落感，并且子宫物可从一个角移到另一个角。阴道往往有黏液排出。

3. 分娩

（1）预产期推算　即配种月份减“3”，配种日期数加“7”进行推算。

（2）分娩预兆

①骨盆　分娩前数天，骨盆部韧带变得柔软。当尾根两侧出现明显的塌陷现象，一般不超过24小时就分娩。

②外阴部　分娩前数天，阴唇逐渐肿胀，阴唇上皮皱纹平展，阴道黏膜潮红。

③乳房　乳房在分娩前迅速发育，腺体充实。乳头基部红肿，乳头变粗，表面光亮，有的母牛还会出现滴奶的现象，还有体温上升、行动不便等。

4. 分娩过程

（1）开口期　母牛表现为不安，时起时卧，来回走动，哞叫。

（2）胎儿产出期　阵缩和努责共同作用，并以强烈努责将胎儿排出体外。经多次努责后，从阴门口可见蛋黄色或微黄色、半透明，膜上有少数细而直的血管，膜内有羊水和胎儿的羊膜囊，接着羊膜囊破裂，羊水及胎儿一起排出，如果羊膜破裂半小时以上，胎儿不能自行产出，必须进行人工助产。

(3) 胎衣排出期　胎儿排出后，奶牛胎衣排出期为 2～8 小时，如超过 12 小时，胎衣尚未排出或未排尽，应按胎衣滞留进行处理。

(4) 助产及助产原则

助产是指在自然分娩出现某种困难时人工帮助产出胎儿。在胎位不正、胎儿过大、母牛分娩乏力等自然分娩有一定困难的情况下，必须进行助产。

助产人员穿工作服，严格消毒产科器械，以防病菌带入子宫内造成生殖系统的疾病。

(五) 提高繁殖力的措施

1. 繁殖机能障碍　繁殖机能障碍是奶牛中长期存在而又难于解决的问题。

(1) 未见发情　未见发情奶牛中，隐性发情占 80%，子宫内有异物而导致持久黄体的占 6%，卵泡囊肿 6%，卵巢静止或卵巢功能低下为 6%，其他（遗传性障碍）为 1%～2%。

隐性发情是没有检出的发情，不是不发情。主要原因是发情鉴定不到位。因此，要改进发情鉴定方法，提高发情检出率。

持久黄体：黄体存在会抑制母牛发情。目前治疗持久黄体最简便的方法是注射 25 毫克前列腺素 $F_{2}\alpha$ 或 0.5 毫克前列腺素类似物。

卵巢静止：卵巢静止性乏情是一种卵巢缺乏活力的繁殖障碍。治疗本病，首先应加强营养管理，恢复母牛体况，而后考虑治疗。

(2) 发情不规则　母牛发情间隔不足 17 天或超过 24 天都应视为发情不规则。

发情不规则的原因：母牛生殖机能紊乱，如卵泡囊肿或胚胎早死等。

卵泡囊肿治疗：手工挤捏，如挤破囊肿；激素治疗，如肌内注射促性腺激素释放激素100微克。

(3) 母牛分泌物异常　若分泌物在外观、颜色、气味或数量与正常生理现象不同，或在不该有分泌物的时候排出分泌物就称为分泌物异常。

母牛分泌物异常的主要原因有：产后急性子宫内膜炎、具有卵巢周期的产后慢性子宫内膜炎、带持久黄体的产后慢性子宫内膜炎等。

产后急性子宫内膜炎：产后急性子宫内膜炎是子宫排出恶露障碍所致。治疗的方法是静脉注射、肌内注射或子宫内注入广谱抗生素及皮下注射25毫克前列腺素$F_{2}\alpha$，帮助子宫排出内容物。

具有卵巢周期的产后慢性子宫内膜炎：其特点是母牛有正常的发情周期，分泌物为白色，主要是由于难产、胎衣滞留、产犊时卫生条件差引起的。目前最常用的治疗方法是冲洗子宫。其配方为1份碘、2份碘化钾和300份蒸馏水。

带持久黄体的产后慢性子宫内膜炎：目前治疗方法是注射25毫升前列腺素$F_{2}\alpha$或0.5毫克前列腺素类似物，使黄体消退，降低孕酮含量并增加分泌雌激素。

2. 繁殖力指标　奶牛繁殖力是指奶牛维持正常繁殖机能、生育犊牛的能力。衡量奶牛繁殖力指标主要有：受胎率、配种指数、产犊率、产犊间隔、犊牛成活率、繁殖率等。

(1) 总受胎率　总受胎率一般要求≥90%，其计算公式：总受胎率＝（年内受胎母牛总头数/年内配种母牛总头数）*100%

(2) 情期受胎率　情期受胎率一般要求达55%以上。公式：情期受胎率＝（年内受胎母牛数/配种总情期数）*100%

3. 影响繁殖力的因素　影响奶牛繁殖力的因素很多，主要有：遗传因素、营养水平、环境因素、疾病、产奶量、管理、精液品质、输精技术等。

4. 提高繁殖力的措施

(1) 加强选种。

（2）合理饲养　营养水平过高或过低均影响奶牛的繁殖力。因此应给奶牛提供全价的日粮，以提高繁殖率。强调奶牛日粮中要添加足量的钼和硒等微量元素以及β胡萝卜素和维生素E等。

（3）加强管理　做好防暑降温工作，给奶牛创造舒适的环境；缩短胎间距，加强产后护理，使母牛60～90天受孕；做好生殖疾病监控，积极治疗繁殖机能障碍。

保证精液质量：对配种前的精液，每批均应检查精子活力及密度等。

做好母牛的发情观察：每天至少早、中、晚进行3次定时观察。

适时输精：适时而准确地把一定量的精液输到发情母牛子宫内的适当部位，对提高奶牛受胎率是至关重要的；同时注重繁殖新技术的运用。

（六）现代繁殖技术

1. 同期发情　使奶牛的发情同期化是对奶牛的发情周期进行人为控制的一项繁殖技术。通过同期发情能有计划地集中安排牛群的配种和产犊，便于人工授精工作的开展，提高工作效率。

2. 胚胎移植　胚胎移植又称受精卵移植，也称为借腹怀胎，其含意是：将一头良种母牛的早期胚胎取出，移植到另一头生理状况相同的母牛体内，使之继续发育成为新个体的技术。

现代繁殖技术还有胚胎分割、胚胎嵌合、胚胎性别鉴定、体外受精、克隆技术等。

七、牛场生产管理

（一）编制年度生产计划

1. 配种产犊计划　配种产犊计划是按预期要求，使母牛适时配种、产犊的一项措施，又是编制牛群周转计划的重要依据。编制配种产犊计划要根据开始配种年龄、妊娠期、产犊间隔、生产方向、生产任务、市场需求、饲料供应、牛舍设备、饲养管理水平以及环境气候等条件进行。例某奶牛场2001年度牛群配种产犊计划，如表4-5所示。

表4-5　牛群配种产犊计划表（头）

项目	月份	1	2	3	4	5	6	7	8	9	10	11	12
上年度受胎母牛头数	成母牛	25	29	24	30	26	29	23	22	23	25	24	29
	育成牛	5	3	2	0	3	1	5	6	0	2	3	2
	合计	30	32	26	30	29	30	28	28	23	27	27	31
本年度产犊母牛头数	成母牛	30	26	29	23	22	23	25	24	29	33	30	32
	育成牛	0	3	1	5	6	0	2	3	2	2	4	5
	合计	30	29	30	28	28	23	27	27	31	35	34	37
本年度配种母牛头数	成母牛	29	24	30	26	29	23	22	23	25	24	29	33
	头胎牛	5	3	2	0	3	1	5	6	0	2	3	2
	育成牛	4	7	9	8	10	13	6	5	3	2	0	1
	复配牛	20	23	23	26	26	31	26	24	26	32	29	26
	合计	58	57	64	60	68	68	59	58	54	60	61	62
本年度情期受胎率（%）		62	60	59	56	55	62	40	38	50	52	57	55

2. 饲料计划　饲料计划应在牛群周转计划（明确每个时期各类牛的饲养头数）、各类牛群饲料定额等资料基础上进行编制。按全年各类牛群的年饲养头日数（即全年平均饲养头数*全年饲养日数）分别乘以各种饲料的日消耗定额，即为各类牛群的饲料需要量。然后把各类牛群需要该种饲料总数相加，再增加5%～10%的损耗量。

奶牛主要饲料的全年需要量，可按下式进行估算：

（1）混合精饲料

成母牛需要量＝年平均饲养头数*10千克*365天

育成牛需要量＝年平均饲养头数*（2～3）千克*365天

犊　牛需要量＝年平均饲养头数*1.5千克*365天

（2）玉米青贮

成母牛需要量＝年平均饲养头数＊20 千克＊365 天

育成牛需要量＝年平均饲养头数＊15 千克＊365 天

(3) 干草

成母牛需要量＝年平均饲养头数＊（3～5）千克＊365 天

育成牛需要量＝年平均饲养头数＊（3～5）千克＊365 天

犊　牛需要量＝年平均饲养头数＊（1）千克＊365 天

3. 产奶计划　产奶计划是制定牛奶供应计划、饲料计划、联产计酬以及进行财务管理的主要依据。奶牛场每年都要根据本场情况，制定全群牛各月的产奶计划。

编制牛群产奶计划，必须具备下列资料：

（1）计划年初泌乳母牛的头数和去年母牛产犊时间。

（2）计划年成母牛和青年牛分娩的头数和时间。

（3）群体各月平均日单产及其泌乳曲线。

（4）奶牛胎次产奶规律。

由于影响奶牛产奶量的因素较多，牛群产奶量的高低，不仅取决于泌乳母牛的头数，而且决定于各个体的品种、遗传基础、年龄和饲养管理条件，同时与母牛的产犊时间、泌乳月份也有关系。因此，制定产奶计划时，应考虑以下情况：

①泌乳变化规律：在正常饲养管理条件下，大多数母牛分娩后的奶量迅速上升，到第 1～2 个月达到最高，以后逐渐下降，每月降 5％～7％，到泌乳末期每月下降 10％～20％。但有的母牛在分娩后 2 个月内泌乳量迅速上升，以后便迅速下降；而有的母牛在整个泌乳期内能保持均衡泌乳。

②年龄和胎次：荷斯坦牛通常第二胎次产奶量比第一胎要高 10％～12％；第三胎又比第二胎高 8％～10％；第四胎比第三胎高 5％～8％；第五胎比第四胎高 3％～5％；第六胎以后奶量逐渐下降。即荷斯坦牛 1～6 胎的产奶系数分别为：0.77、0.87、0.94、0.98、1.0、1.0。

③干奶期饲养管理情况以及预产期。

④母牛体重、体况以及健康状况。

⑤产犊季节，尤其南方夏季高温高湿对奶牛产奶量的影响。

⑥考虑本年度饲料情况和饲养管理上有哪些改进措施。

⑦成母牛群年内周转计划。

（二）奶牛场全年技术工作安排

牛场的工作千头万绪，为了有计划地开展各项工作，对全年的技术工作必须统筹兼顾，全面安排。现以某奶牛场的全年技术工作安排为例，列于表4-6、表4-7、表4-8和表4-9)，供参考。

表4-6 第一季度工作计划表

1月份	2月份	3月份
1. 布置本年生产计划，财务核算计划 2. 完善劳动组织架构，落实绩效考核方案 3. 春节准备工作（饲料、劳力、安全、资金） 4. 冬季三防工作检查	1. 检查配种工作，分析解决具体问题 2. 征求绩效考核方案意见 3. 征求职工食堂意见，改进食堂工作 4. 及时发放春节加班补助	1. 春季修蹄，环境消毒 2. 安排植树绿化工作 3. 口蹄疫苗注射 4. 绩效考核方案修订，再落实 5. 产房工作小结

表4-7 第二季度工作计划表

4月份	5月份	6月份
1. 炭疽免疫 2. 结核春季检疫 3. 布鲁氏菌病苗接种 4. 青贮计划落实 5. 牛粪出售完毕，环境大消毒 6. 分析产奶情况，找出原因	1. 拆除挡风设施 2. 检查青贮播种情况 3. 准备苜蓿收购工作 4. 繁殖工作小结，修正年度产犊计划 5. 开始准备青贮 6. 后备牛内外驱虫 7. 灭蝇	1. 防暑降温设施检修 2. 口蹄疫免疫 3. 岗位培训 4. 检查产后酮病检测工作 5. 夏季配种工作会议，强调措施到位 6. 招收技术工人

（续）

4月份	5月份	6月份
		7. 修缮房舍 8. 储备青贮 9. 储备麦秸 10. 收购干芦草

表4-8　第三季度工作计划表

7月份	8月份	9月份
1. 分析上半年计划完成情况，查找存在问题，制定解决方案 2. 绩效考核方案微调 3. 食堂食品卫生检查 4. 职工防暑降温，发放劳保品 5. 启动奶牛防暑降温 6. 疏通管道 7. 储备青贮 8. 检查库房物料，防止发霉变质 9. 关注干奶牛的饲养管理	1. 组建青贮工作临时班子，做好各项准备工作 2. 防汛预案 3. 浴蹄，功能性修蹄并治疗 4. 产房工作进入紧张阶段，注意产后护理工作 5. 人员防暑降温工作 6. 杀灭蚊蝇	1. 检查犊牛饲养管理工作 2. TMR配方“四统一”分析会 3. 体细胞专题分析会 4. 强化蹄病预防与治疗 5. 产房对接产犊高峰 6. 免疫口蹄疫苗 7. 环卫工作小结 8. 抢收青贮

表4-9　第四季度工作计划表

10月份	11月份	12月份
1. 青贮工作小结 2. 秋季结核检疫 3. 产量恢复情况分析 4. 浴蹄、修蹄 5. 储备秋杂草 6. 防寒工作	1. 各考核指标完成情况，预计全年情况 2. 配种工作小结	1. 总结工作，表彰先进工作者 2. 制定下一年度各项计划 3. 制定下一年绩效考核方案 4. 储备羊草、稻草、甜菜粕

（三）牛群档案与生产记录

牛群档案和生产记录是奶牛生产管理、育种不可缺少的组成部分，是牛场制定计划、发展生产等各项经济技术活动的重要依据。

1. 牛群档案（表 4-10 至表 4-13）

表 4-10　奶牛生长发育及体况评分记录表

	初生	6 月龄	12 月龄	15 月龄	18 月龄	头胎	3 胎	5 胎
体重（千克）								
体高（厘米）								
体长（厘米）								
胸围（厘米）								
体况评分								

表 4-11　各胎次产奶性能（千克、%）

胎次＼泌乳月		1	2	3	4	…	10	11	12	泌乳天数	总产奶量	305 天产量	平均乳脂率	平均乳蛋白率
1	产奶量 乳脂率 乳蛋白率													
2	产奶量 乳脂率 乳蛋白率													
3	产奶量 乳脂率 乳蛋白率													
4	产奶量 乳脂率 乳蛋白率													
5	产奶量 乳脂率 乳蛋白率													

表 4-12　分娩产犊情况

胎次	与配公牛			预产期	实产期	性别	在胎天数	初生重（千克）	留养情况	犊牛编号	备注
	牛号	品种	等级								
1											
2											
3											
4											

表 4-13　体型线性评分记录

胎次	一般外貌	乳用特征	体躯容积	泌乳系统	评分等级	备注
1						
2						
3						

2. 生产记录

(1) 牛奶产量记录表

①奶量记录表（表 4-14）

表 4-14　年　月　日产奶记录表（千克）

牛号	第一次	第二次	第三次	合计	备注

记录员：

②牛奶产量日报表（表 4-15）

表 4-15　年　月　日牛奶产量日报表（千克）

项目 牛舍	成母牛头数	产奶量	平均产量	比上日增减	备注

③牛奶产量及去向月报表（表 4-16）

④成母牛各胎次 305 天产奶量统计表（表 4-17）

表 4-16　牛奶产量及去向月报表（千克、%）

总产奶量			泌乳牛		成母牛		鲜奶去向						
计划产量	实际完成	完成计划	头·天	平均产量	头·天	平均产量	犊牛哺乳头·天	犊牛耗奶	优质奶量	普通奶量	次奶数量	奶损耗量	本月底库存量

制表人：

表 4-17　成母牛各胎次 305 天产奶量统计表（千克、头）

项目	4 500 以下	4 501 ～ 5 000	5 001 ～ 5 500	5 501 ～ 6 000	6 001 ～ 6 500	6 501 ～ 7 000	7 001 ～ 7 500	7 501 ～ 8 000	8 001 ～ 8 500	8 501 ～ 9 000	9 001 ～ 9 500	9 500 以上	头数共计	总产量	平均产量
1															
2															
…															
8															
8 以上															
合计															

单位主管：　　技术负责人：　　制表：　　报出日期：　年　月　日

3. 繁殖记录

(1) 配种日记（表 4-18）

表 4-18 配种日记

日期	牛舍	牛号	配种时间				卵泡		与配公牛	配次	受孕与否	备注
			上午	下午	晚上	复配	左	右				

制表人：

(2) 受胎月报表（表 4-19）

表 4-19 受胎月报表

年 月 日

牛舍	牛号	配种日期	预产期	与配公牛	牛舍	牛号	配种日期	预产期	与配公牛

制表人：

(3) 情期受胎月报表（表 4-20）

表 4-20 情期受胎月报表

年 月 日

配种头次	初检胎数	情期受胎率（%）

制表人：

(4) 奶牛精液耗用月报表（表 4-21）

表 4-21 奶牛精液耗用月报表

年 月 日

公牛号	耗用数	外调数	废弃数

制表人：

4. 犊牛培育情况表（表 4-22）

表 4-22 犊牛培育情况表

公犊出生重		母犊出生重		3 月龄体重		哺乳量/头		母犊成活率（%）
头数	平均体重（千克）	头数	平均体重（千克）	头数	平均体重（千克）	哺乳天数	平均哺乳量（千克）	

制表人：

5. 成母牛淘汰、死亡、出售情况（表 4-23）

表 4-23 成母牛淘汰、死亡、出售情况（头）

项目 分类	处理原因											处理牛		备注
	年老	传染病	生殖道	四肢	乳房	呼吸道	血液循环	消化道	低产	其他	合计	总胎次	均胎次	
出售														
淘汰														
死亡														
合计														

制表人：

（1）牛群更新率（表 4-24）

表 4-24 牛群更新率（头）

年初成母牛头数			年内成母牛增加		年内成母牛减少	牛只更新率
已投产	超龄牛	合计（1）	头胎牛投产数（2）	转入数（4）	出售、淘汰、死亡、移出等（3）	3/（1+2+4）*100%

制表人：

（2）牛只变动情况月报表（表 4-25）

表 4-25　牛只变动情况月报表（头）

牛别 \ 项目			上月末数	增加					减少							月末数	月累计头天数
				繁殖	调入	转入	购入	合计	调出	转出	淘汰	出售	死亡	夭折	合计		
成母牛	泌乳牛	已孕															
		未孕															
	干奶牛	已孕															
		未孕															
	合计																
后备牛	16～分娩	已孕															
		未孕															
	7～15月龄	已孕															
		未孕															
	0～6月龄																
	合计																
	公牛犊																
	牛只总数																

单位主管：　　技术负责人：　　制表：　　报出日期：　　年　　月　　日

八、奶牛场信息化管理

随着生物技术和信息技术的飞速发展，奶牛养殖正在从传统的数量生产型向质量效益型转变，从奶牛场粗放松散型管理模式向数字集约化管理模式转变，因此，规模化奶牛场将信息技术与奶牛场的生产管理紧密结合是大势所趋。

目前国内外一些公司为奶牛场生产经营专门开发的牧场信息化管理系统可为每一头奶牛建立详细的系谱档案，并对奶牛的生长、发育、繁殖，产奶、疾病进行管理分析，与牧场奶厅软件对接后可以实现对奶厅的实时记录与数据分析。根据设定，可以将日常工作清单、信息预警提示等自动传输到相应管理者的智能手机上，管理者通过牛只配戴的电子耳标（EID）可快速找到需要处理的牛只并进行处理，从而极大地提高工作人员的效率。同时，可以与局域网或 Internet 结合，将视频监控引入到奶牛生产的各个环节，对奶牛场各项活动进行无接触实时监控，为奶牛群数字化管理提供技术支持。

（一）信息化管理平台

奶牛场信息化管理平台是一个完整的信息集成管理系统，主要包括成本管理平台、生产管理平台和综合管理平台。

1. 成本管理平台 成本管理平台主要是针对奶牛场所有投入品的进销存管理而开发的模块，如图 4-5。

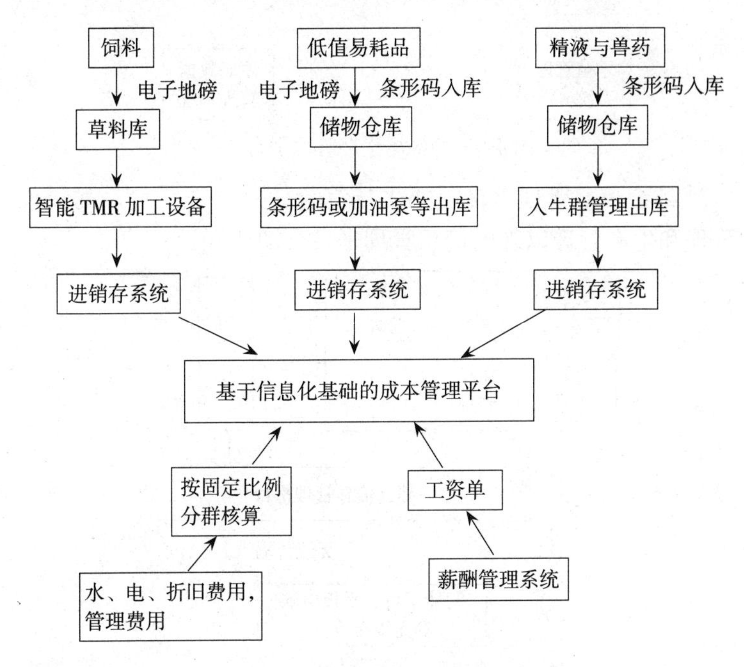

图 4-5 基于信息化基础的奶牛场成本管理平台

2. 生产管理平台　生产管理平台是专门针对奶牛生产活动和相关事务而开发的管理模块,包括奶牛群的基本信息、饲喂、挤奶、牛奶、疾病、体况、DHI 等一系列生产信息和数据的采集、使用和加工处理(图 4-6)。结果可以以报表、预警、监控录像等多种形式出现。

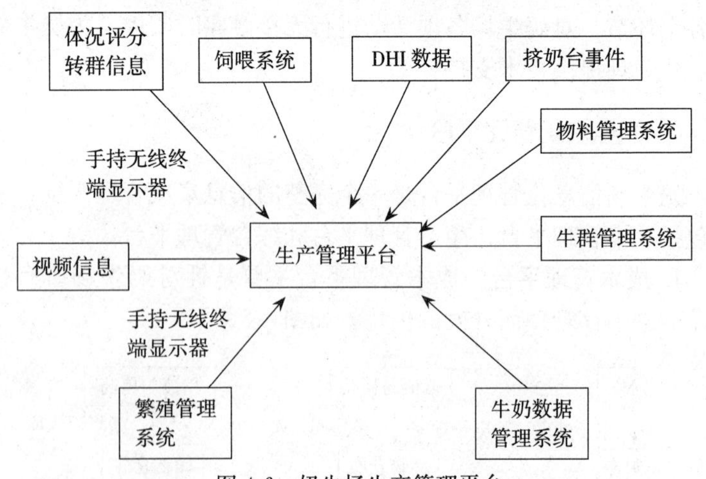

图 4-6　奶牛场生产管理平台

3. 综合信息管理平台　奶牛场综合信息管理平台是除了成本管理和生产管理以外的信息管理平台（图 4-7）。

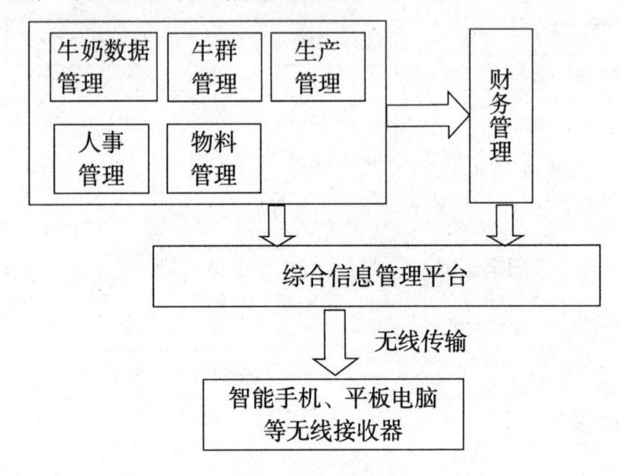

图 4-7　奶牛场综合信息管理平台

（二）信息化平台的应用

信息化平台通过不间断地录入相关奶牛日常基本资料，以及各种管理软件自动记录。奶牛场可以形成比较全面的横向和纵向相结合的动态电子信息化资料，为决策者提供可靠的管理依据，同时也大大提高了管理效率。

1. 控制饲料成本　CPM 软件、计量式 TMR 搅拌车以及库存管理软件的应用，使得物料投入更加精准，奶牛营养更加平衡，成本投入更加精细，可减少因管理滞后造成的库存积压，也可减少因饲料配比不合理造成的浪费，合理地控制奶牛场的饲料成本。

2. 实现预警功能　信息化平台将每月的配种技术资料的完成比率、成本的耗用速率、产奶量的生产趋势、挤奶工作情况、疾病发生情况等数据进行汇总、分析，同时与设定的预警指标进行比对，实现指标完成情况的预警提示，能够使管理者及时发现问题，查找原因，做出对策。

3. 实现精细化管理　信息化平台通过健全的电子数据资料分析，将奶牛场的经营指标和技术指标通过设定较好地把技术指标由年分解到月，由月分解到周，由周分解到天。通过每天指标管理，管理者时刻把握奶牛场的情况，真正做到精细化管理。

运用数据化进行牛场管理就必须首先管理好奶牛场庞杂的数据信息。而信息化恰恰提供了管理庞杂数据信息的方法和手段。信息化本身不会产生经济效益，而奶牛场的管理一旦与信息化相结合，其经济效益往往是不可估量的。

（三）信息化管理系统应用实例

现在，中国市场上使用的牧场生产管理系统多种多样，但功能模块大同小异，下面仅举一例进行介绍。牧场生产管理系统一般包括：个体牛只档案管理、牛群生产管理、物料管理、人事管理、财务管理和视频信息管理等。

1. 个体牛只档案管理 每头牛出生后会在管理系统中建立个体系谱档案。根据牧场管理，在规定的日期内，提醒管理人员或技术人员对牛只进行查验，管理牛只的方法是通过事件为每头牛建立牛系谱档案卡，并记录牛只的全部信息（图 4-8）。

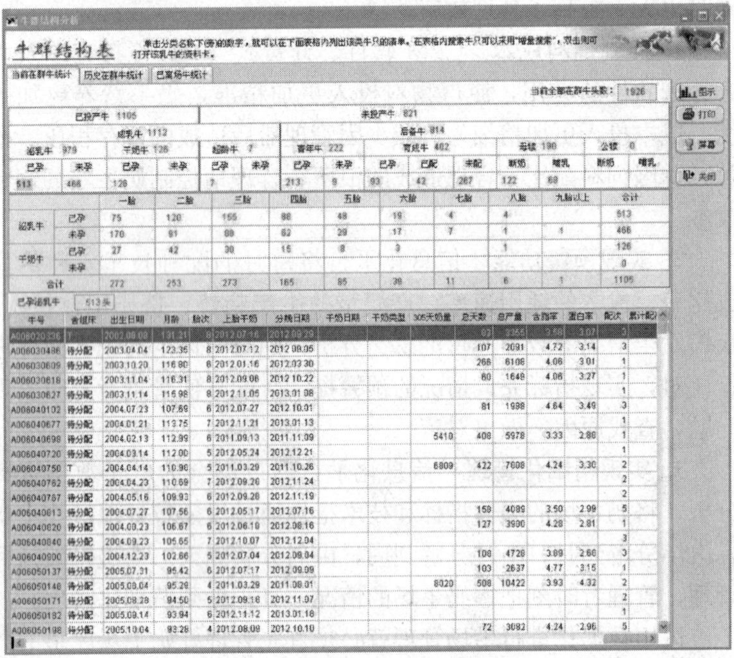

牛群结构表　单击分类名称下(旁)的数字，就可以在下面表格内列出该类牛只的清单。在表格内搜索牛只可以采用"增量搜索"，双击则可打开该乳牛的资料卡。

当前在群牛统计　历史在群牛统计　已离场牛统计

当前全部在群牛头数：1926

图示　打印　屏幕　关闭

已投产牛 1105						未投产牛 821								
成乳牛 1112						后备牛 814								
泌乳牛 979		干奶牛 126		超龄牛 7		青年牛 222		育成牛 402			母犊 190		公犊 0	
已孕	未孕	已孕	未孕	已孕	未孕	已孕	未孕	已孕	已配	未配	断奶	哺乳	断奶	哺乳
513	466	126		7		213	9	93	42	267	122	68		

		一胎	二胎	三胎	四胎	五胎	六胎	七胎	八胎	九胎以上	合计
泌乳牛	已孕	75	120	155	88	48	19	4	4		513
	未孕	170	91	88	62	29	17	7	1	1	466
干奶牛	已孕	27	42	30	15	8	3		1		126
	未孕										0
合计		272	253	273	165	85	39	11	6	1	1105

已孕泌乳牛　513头

牛号	舍组序	出生日期	月龄	胎次	上胎干奶	分娩日期	干奶日期	干奶类型	305天奶量	总天数	总产量	含脂率	蛋白率	配次	累计配
A006020336	T	2002.08.08	131.21	8	2012.07.16	2012.09.29				93	3355	3.58	3.07	3	
A006030486	待分配	2003.04.04	123.36	8	2012.07.12	2012.08.05				107	2091	4.72	3.14	3	
A006030609	待分配	2003.10.20	116.80	6	2012.01.16	2012.03.30				266	6106	4.06	3.01	1	
A006030618	待分配	2003.11.04	116.31	8	2012.09.06	2012.10.22				80	1649	4.06	3.27	1	
A006030627	待分配	2003.11.14	115.98	8	2012.11.05	2013.01.08								1	
A006040102	待分配	2004.07.23	107.69	6	2012.07.27	2012.10.01				81	1998	4.64	3.49	3	
A006040677	待分配	2004.01.21	113.75	7	2012.11.21	2013.01.13								1	
A006040698	待分配	2004.02.13	112.99	6	2011.09.13	2011.11.09			5410	408	5978	3.33	2.88	1	
A006040720	待分配	2004.03.14	112.00	5	2012.05.24	2012.12.21								1	
A006040750	T	2004.04.14	110.98	5	2011.03.29	2011.10.26			6809	422	7608	4.24	3.30	2	
A006040762	待分配	2004.04.23	110.69	7	2012.09.26	2012.11.24								2	
A006040767	待分配	2004.05.16	109.93	6	2012.09.28	2012.11.19								2	
A006040813	待分配	2004.07.27	107.56	6	2012.05.17	2012.07.16				158	4089	3.50	2.99	5	
A006040820	待分配	2004.08.23	106.67	6	2012.06.10	2012.08.16				127	3900	4.28	2.81	1	
A006040840	待分配	2004.09.23	105.65	7	2012.10.07	2012.12.04								3	
A006040900	待分配	2004.12.23	102.66	5	2012.07.04	2012.09.04				108	4728	3.89	2.66	3	
A006050137	待分配	2005.07.31	95.42	6	2012.07.17	2012.09.09				103	2637	4.77	3.15	1	
A006050148	待分配	2005.08.04	95.29	4	2011.03.29	2011.08.01			8020	508	10422	3.93	4.32	2	
A006050171	待分配	2005.08.28	94.50	5	2012.09.16	2012.11.07								2	
A006050182	待分配	2005.09.14	93.94	6	2012.11.12	2013.01.16								1	
A006050198	待分配	2005.10.04	93.28	4	2012.08.09	2012.10.10				72	3082	4.24	2.96	5	

图 4-8 奶牛个体管理（档案卡）

2. 牛群生产管理

（1）繁殖管理 牧场管理系统中含有牛群繁殖管理的模块，可以对牧场中的各种类型的繁殖数据进行分析，帮助管理者及时发现牛群中存在的问题，并对导致问题发生的原因进行追溯，方便管理者对牧场繁殖工作进行监督和评估（图 4-9）。

（2）生产性能数据管理 牧场管理系统可与奶厅数据相连

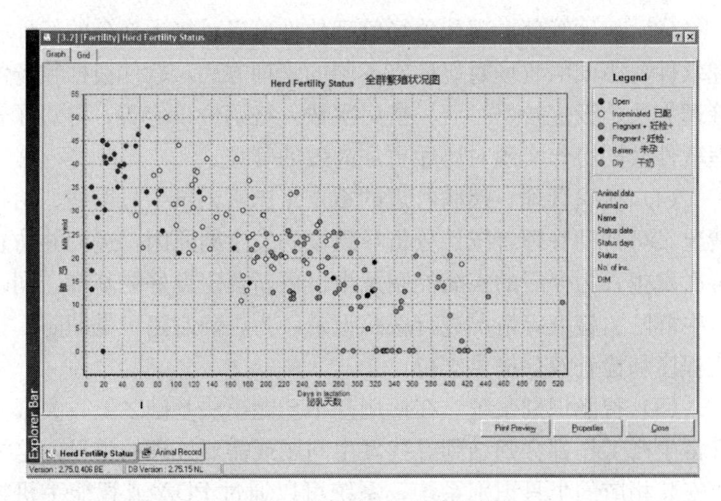

图 4-9 奶牛场奶牛的繁殖状况

接，并通过奶厅与 DHI 测定中心相连接，对生产数据统计进行统计分析，不但可以管理牧场 DHI 报告，也可以将牧场数据传输至数据库，生成 DHI 报告，通过对 DHI 报告的分析实现牛群高效管理，还可以根据需要进行奶牛泌乳曲线分析（图 4-10）。

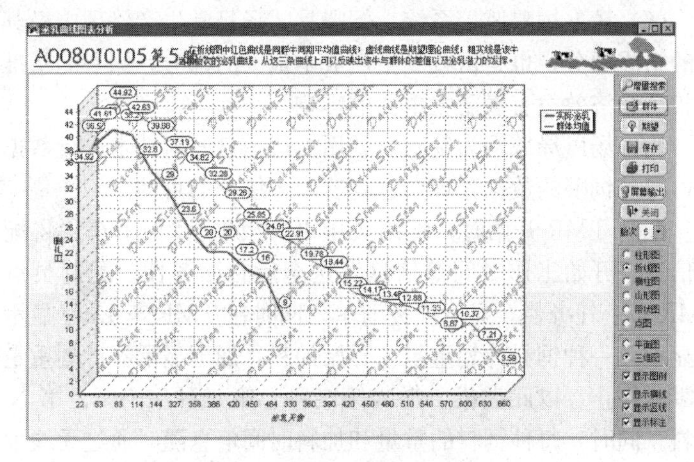

图 4-10 个体牛泌乳曲线分析

（3）奶厅管理　现代牧场管理软件可以对接大部分的奶厅管理软件，不同的牧场对奶厅有不同的管理方法，软件根据牧场的管理方法，设定挤奶时间、挤奶次数、挤奶位设定等，与奶厅管理软件共同协作实现对奶厅更加高效的管理。

（4）疾病管理　疾病管理的重点是忠实记录牛只发病、治疗情况，可帮助管理者统计分析导致该病发生的原因，追溯并防止再次发生，为今后的疾病控制及牛群更新奠定良好的基础。同时对牛群防、检疫等情况进行跟踪记录，为正确制定、贯彻防、检疫程序和检查效果提供支持。

（5）智能识别系统　在使用基本功能模块基础之上，大部分日常生产工作都会归结到寻找发生问题或需要处理的牛只，这需要安装相应的牛只识别系统，系统可以通过 PDA 或智能手机接收每天需要处理的工作清单，并通过扫描器扫描奶牛的电子耳标识，然后将自动语音提示所需要的操作，诸如同期处理、打针、孕检、复检、兽疫治疗、防疫打针等，凡是日常需要通过找到牛只并处理的工作，智能识别系统都可以帮助生产者高效率地完成。

（6）精准饲喂监控系统　饲喂是牧场日常生产管理中极其重要的组成部分，也是占牧场生产成本最大的部分，饲喂的精准性对牧场经济效益有着至关重要的影响。

奶牛场以局域网为基础，利用无线信息发射技术进行数据传输，实现饲喂的数据管理，达到三配方统一的目的。

配制 TMR 开始时，配制员用 IC 卡识别登记上车，将配制员信息、开始工作时间等信息发送至后台服务器。配制员点击 TMR 车上任务栏，显示任务清单，同时在 TMR 车 LED 显示屏上显示第一种饲料计划重量，开始加料，加至显示器计划重量值为零时停止。以此类推，加入第二种、第三种、……、第 N 种饲料。同时，每种饲料的重量和加料时间信息随时通过无线发送器传输到后台服务器。

为了确保 TMR 饲料种类与牛群相匹配，在 TMR 车上安装射频阅读器，在牛舍每组牛的槽位开始处安装电子标签（牛组信息）。当 TMR 车进入该槽位时，TMR 射频阅读器识别电子标签，辨识正确后开始发料（图 4-11）。辨识错误时，系统自动发出警示音，如果强行发料，后台形成错误发料痕迹。发料结束，后台系统记录发料重量、时间等信息。

利用以上系统将配料、发料每一环节都留有痕迹，可以避免错配料、错发料等失误。同时，也能有的放矢地对配料员进行业绩考核，为做好奶牛场饲喂管理工作提供了很好的手段和方法。

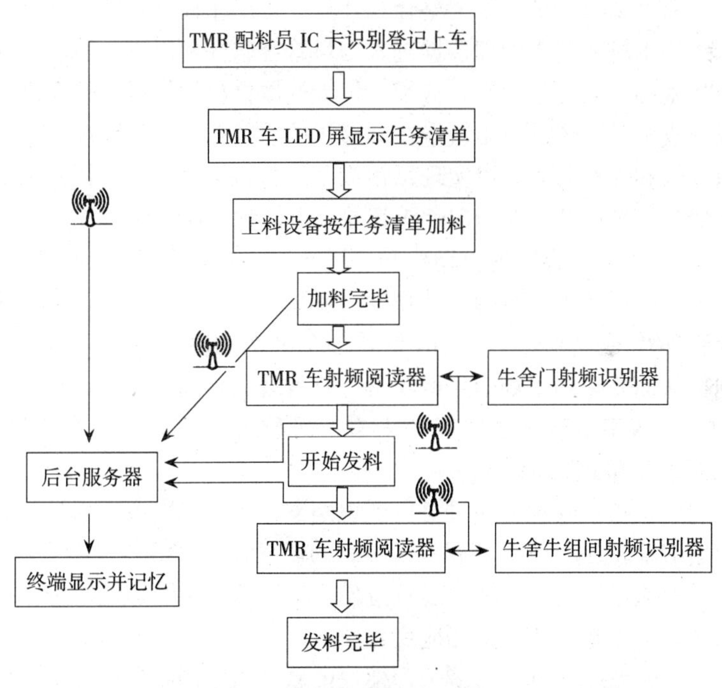

图 4-11　TMR 精细饲喂管理

3. 物料管理　奶牛场的物料管理主要包括对饲料、冻精、兽药、低值易耗品、食堂等的管理。实际生产中，包括饲料库、储物仓库和食堂的管理。实现物料管理的信息化主要就是物料“进、销、存”的自动化和一体化。

购入物料，按照牛场需要编制代码，制成条形码，贴在物料单位包装上。饲料通过智能化地磅使重量等信息直接进入信息化系统，饲料之外的物料通过条形码识别器使数量等信息进入信息化系统。由此完成“进”的过程。

物料消耗时，饲料通过计量式 TMR 搅拌车的自动数据传输进入物料管理软件；饲料之外的物料通过条形码扫描形成出库痕迹。由此完成“销”的过程。

通过物料管理软件的整合和计算，得出库存量，即“存”。

奶牛场的食堂管理数据进入物料管理软件，以进、销、存软件为基础。通过条形码扫描录入每天的原材料消耗量，计算每顿饭的成本。再通过员工饭卡在刷卡机的射频扫描，计算出饭菜的消耗量和饭费收入，可实现每顿饭菜的物料消耗、成本核算和销售情况，进而把经营情况逐天记录，并定期分析。

“进、销、存”的自动化和一体化不仅提高库存物资的管理水平，降低管理人员的劳动强度；还可以加速资金周转，降低库存管理费用；同时可以实时查看各个批次的库存数量，制订计划，从而安排奶牛场的生产经营，有效地提高经营水平。

4. 人事管理 奶牛场的人事管理软件主要分为档案管理、薪酬管理和社保管理模块。

（1）档案管理 通过身份证识别器、指纹识别器录入员工的原始信息。通过档案管理员录入员工的档案材料，形成电子档案册。

有人事变动时，还需通过身份证识别器、指纹识别器进行确认后，电子档案才能做相应变化。

（2）薪酬管理 薪酬管理模块的软件通过制定薪酬方案，根据薪酬支付依据，对岗位工资、职务工资、技能工资、工龄工资、薪级工资可通过档案管理信息随时更新；对于绩效工资等非固定工资应通过条形码使系统识别，即可完成薪酬自动核算。同时连接财务软件对薪酬发放进行审核，最终实现薪酬结账。

（3）人事管理　人事管理模块通过与以上两个软件的连接，将入职、转正、内部异动、助勤、离职、退休处理录入系统后，通过信息分类，进行系统化管理。

5. 财务管理　财务管理模块主要进行凭证的录入、查询、审核、过账、汇总等操作，自动生成总分类账、试算平衡表、资金日报表等账表等；同时提供往来管理、任意种辅助核算、项目管理、组合查询客户资料等。

6. 视频信息管理　牛场按生产管理需要，布置监控设备，覆盖重要生产现场。通过监控设备采集视频数据，汇集到终端计算机，贮存并显示图像信息。通过网络将视频信息传输到远程接收器，也可通过IP地址直接访问奶牛场。

九、奶牛季节管理与舒适度管理

（一）夏季奶牛的饲养管理

荷斯坦奶牛最适宜的温度是10～16℃，在气温不低于5℃、不高于20℃的情况下，奶牛没有冷热应激。根据我国气候情况，冷应激对于奶牛不是一个突出问题，而且防止冷应激的措施也要比防止热应激容易和简便。热应激对奶牛群的健康、产奶量、乳脂率、繁殖率以及犊牛的出生重均会产生极显著的影响。

1. 热应激对产奶量和生殖功能的影响　奶牛对热应激极为敏感。荷斯坦牛因高温高湿，产奶量下降约31%。美国的一项研究表明，在温度为29℃的条件下，相对湿度为40%时，其荷斯坦牛产奶量下降8%；在同等温度条件下，相对湿度为90%时，产奶量则下降31%。热应激可使奶牛泌乳曲线的持续时间缩短，影响胎次产奶量。通常7～8月分娩的奶牛，305天产奶量比12月分娩的奶牛低25%～38%。热应激不仅影响泌乳牛产奶量，而且也影响干奶牛产后产量。干奶期的奶牛处于热应激条件下，对其下一泌乳期的产奶量也有影响。这主要是因为在热应激条件下，奶牛的生长激素、雌激素、甲状腺素及前列腺素的分泌减少，进而影响了乳腺发育。

热应激下奶牛的繁殖率明显降低。据实验测定，当温湿度指数（THI）由68升至78时，奶牛的受胎率从66%降至35%。Lee（1993）报道，在配种当天或次日阴道温度增加0.5℃，即可影响受胎率。这与热应激时，奶牛血清中促黄体素和孕酮分泌量的减少及前列腺素分泌量的增加有关。同时，研究还表明，在热应激条件下，奶牛主导卵泡发育提前，到正式排卵时已经老化，从而影响受胎率。此外，热应激时奶牛表皮血管舒张，毛细血管血流量减少，造成胚胎营养不足引起胚胎死亡或胚胎吸收。热应激不仅发生在夏季，也可发生在天气转凉的秋季（10～11月），这就是典型的夏季热应激影响的滞后效应。

2. 缓解热应激的措施

（1）凉棚　夏季在奶牛运动场搭建凉棚，对缓解奶牛热应激能起到一定作用。凉棚以高为宜（下檐3.5米以上），一方面便于通风，另一方面也减少了棚顶对奶牛的热辐射。顶棚的材料应有良好的隔热性能且辐射系数小，同时顶棚的角度、结构及凉棚朝向也应考虑，以长轴东西向为好。为了有助于热气流向上流动，顶棚倾斜度不能小于18°。

（2）空气的蒸发冷却　把水雾化装置固定在棚顶，然后向凉棚中的奶牛吹洒水雾，水分蒸发吸收空气中的热量，以冷却空气。空气湿度大，冷却效果差；空气湿度小，冷却效果好。

（3）风扇和喷淋降温系统　本系统是通过蒸发湿被毛中的水分，带走体表热量，从而达到降温目的。风扇功率283～311米^3/分，风速10米/秒，风扇与重力线夹角为80°～85°，安装高度2.5米；喷淋要求淋水量150～170升/小时。其工作程序为喷淋30～40秒，吹风5分钟，间隔30～50分钟，如此循环可有效缓解奶牛热应激；本系统安装部位，一是采食通道，二是待挤厅，三是奶厅出口通道。当两风扇之间某处的风速达不到 2 米/秒时，提示应在中间再加装一台风扇。当气温高于 29℃，湿度在 45%～60%以上时，从早上 5 点到夜间 1 点都需要打开风扇进行降温。

3. 夏季奶牛的饲养管理要点

（1）供给充足的饮水。

（2）提高日粮精料比例。

（3）提高日粮浓度（能量、蛋白水平），添加保护脂肪及蛋氨酸。

（4）使用瘤胃缓冲剂，注意补充钠、钾、镁。

（5）调整饲喂及作息时间。

（6）采用全混合日粮。

（7）抗应激添加剂的使用　近年来抗应激添加剂用于预防奶牛热应激逐渐被人们接受。抗应激添加剂可分为两类：营养性添加剂和电解质平衡缓冲剂。营养性添加剂有：维生素 C、尼克酸、有机铬等；电解质平衡缓冲剂有：瘤胃 pH 缓冲剂（碳酸氢钠、氧化镁）和电解质平衡调节剂（人工盐、氯化铵）。这些在饲料中适当使用可有效缓解热应激。

此外，牛舍及运动场周围种植阔叶树减少辐射热，在夏季要注意杀灭蚊、蝇和其他有害昆虫，可减轻对奶牛的骚扰。

（二）奶牛冬季饲养管理

奶牛虽然有较强的耐寒能力，但温度过低、湿度过大，也会给奶牛带来许多不利影响，故冬季要做好奶牛的防寒保暖工作，北方寒冷地区尤为重要。

1. 奶牛冬季饲养

（1）调整日粮　因为天气寒冷，要维持体温就需要增加更多的能量。冬季补给能量饲料，可在维持需要的基础上增加 10%的能量。

（2）改善饲喂方式　可适当减少投料次数，每天饲喂全混合日粮1～2次。

（3）饮水　在牛舍安装保温水槽，保持水温不低于10℃。对于围产期奶牛，每天要提供16～18℃的温水。而对于断奶前的小犊牛，水温应在25～30℃，以防冷应激。

2. 奶牛冬季管理

（1）防寒保暖　冬季防寒的重点主要是防止大风和潮湿。一般将牛舍西面的大门和北面的地窗、墙缝堵严，或在牛舍的北面设置卷帘挡风墙，严防寒风和霜雪侵入舍内。同时采取保暖措施，要给牛床上铺垫厚度大于15厘米的干草或者经固液分离后的干牛粪沫，并保持舍内地面干燥清洁。

（2）增加光照　冬季日短夜长，光照不足，奶牛产奶量会因此而下降。所以，应当在牛舍内安装电灯补充光照时间，保证每日不低于16小时的光照。

（3）防滑防冻　奶牛活动场所地面要避免存在陡坡并做好防滑处理；地面上不能有积水，防止结冰滑倒奶牛；挤奶后，乳头要保持干燥，防止冻伤。

（三）奶牛舒适度管理

舒适度是指奶牛对外界环境感知时愉悦的程度。包括奶牛视、听、嗅、触、味觉等器官对外界的感知以及奶牛神经系统对外界刺激的感受。环境舒适度对奶牛的高产和健康具有重要影响。除了夏季防暑降温、冬季防寒保暖外，舒适度管理还包括环境小气候、卧床管理、采食与消化、奶厅管理、牛蹄护理、牛体刷拭、蚊蝇控制、噪音控制等。

1. 牛舍通风换气　牛舍通风的方式主要有：自然通风和机械通风。在散栏饲养模式下，奶牛场在春、秋、冬三季靠自然通风换气即可满足；而夏季，则需依靠机械通风才能满足换气要求。安装风机时应注意以下几点：

（1）要选择牧场专用的风机，直径100厘米以上，功率不小于400瓦。

（2）要考虑风机安装的数量和间距，使两相邻风机之间任何一点的风速不低于2米/秒。

（3）要考虑安装的位置、高度和倾角，一般在成母牛采食区、卧床区、待挤区、挤奶区安装风机，其高度应为2.2米以上，与地面垂直线成15°夹角。

此外，在牛舍内检测，各种有害气体的浓度应低于环境卫生标准规定的浓度。

2. 牛床管理　设计合理与管理良好的牛床，奶牛都会喜欢在上面躺卧休息。奶牛每天躺卧休息时间大约为14小时，平均起卧16次，每次躺卧1.5～3小时。牛床舒适给予奶牛的好处有：①躺卧时奶牛可以得到休息并进行反刍，②使奶牛的肢蹄得到休息，使蹄部保持干净干燥，③通过乳房的血液循环增加30%，④其他未躺卧的奶牛有更自由的活动空间。因此，牛床在保证奶牛舒适度方面具有十分重要的作用。要做到牛床舒适要做到以下几点：

（1）合适的牛床尺寸　牛床尺寸要与奶牛的生长阶段相适应。如果牛床太宽太窄，太长太短都会降低奶牛的舒适度，不仅奶牛不喜欢躺卧，而且由于奶牛粪便拉到牛床，饲养员也不喜欢清理维护。

（2）合格的牛床垫料　合格的牛床垫料一般有干燥的细沙、铡短的农作物秸秆以及干制的牛粪沫等。垫料应该具备安全、松软、廉价、便利等特点，切忌使用发霉、腐败、含有农药残留、潮湿、坚硬的垫料。劣质的橡胶垫更为糟糕，不可使用。

（3）规范的牛床管理　牛床要有专人进行维护，定期对牛床垫料检查、清理和补充，使牛床平整、松软、干净、干燥；垫料厚度应达到15厘米以上，并每天疏松、平整一次。

3. 修蹄、护蹄　奶牛蹄病是奶牛常见多发的疾病之一，许多高产奶牛常常因为肢蹄病而不得不淘汰。因此，修蹄、护蹄是奶牛场需要长期坚持的工作。重点需要做好以下方面：

①配制营养均衡的日粮，合理分群饲养　配制符合奶牛营养需要的日粮，保证精粗比、钙磷比适当，注意日粮中阴阳离子差的平衡。为了保证牛瘤胃 pH 在 6.2～6.5，可以添加缓冲剂。制作的 TMR 粒度、水分适当。

②提高奶牛福利　加强牛舍卫生管理，保持牛舍、牛床、牛体清洁干燥。奶牛的上床率应保持在 85% 以上。奶牛喜欢躺卧，其每天的躺卧时间在 14 小时，应尽量得到满足。

③定期喷蹄、浴蹄　夏季每周用 4%硫酸铜溶液或消毒液进行浴蹄，浴蹄时应扫去牛粪、泥土等。浴蹄可在挤奶台和牛舍放牧场的过道上，建造长 5 米、宽 2～3 米、深 10 厘米的药浴池，池内放有 4%硫酸铜溶液（也可放置生石灰粉末），让奶牛上台挤奶和放牧时走过，达到浸泡目的。注意经常保持有效的药液浓度。

④适时正确地修蹄护蹄　专业修蹄员每年至少应对奶牛进行两次维护性修蹄，修蹄时间可定在分娩前的 3～6 周和泌乳期 120 天左右。修蹄注意角度和蹄的弧度，适当保留部分角质层，蹄底要平整，前端呈钝圆。

4. 消灭蚊蝇　做好奶牛场的卫生消毒工作，及时消灭蚊蝇滋扰，可提高奶牛的舒适度。牛舍运动场及道路应及时打扫，定期进行消毒。

5. 降低噪声　环境噪声对奶牛具有较大应激，应注意避免或消除。在牛舍内播放音乐，可使奶牛安静，提高舒适度。

此外，在奶牛场应形成爱护动物的企业文化，严禁鞭打奶牛，严禁粗暴驱赶奶牛，严禁不正当的治疗或处置措施，安装旋转牛体刷，在奶牛通道铺设胶皮垫，及时更换挤奶杯内衬，千方百计提高奶牛福利。奶牛只有身体健康、快乐生活，才能为人类生产更多的优质牛奶，创造最大的效益。

第五章　卫生防疫与疾病防治

对于奶牛场而言，加强卫生防疫和疾病防治工作是保证奶牛生产健康持续发展和提高养殖效益的重要环节。因此，坚持“防重于治”原则，强化环境卫生管理和疫病监测，防止和消灭奶牛传染病和寄生虫病，重视奶牛乳房炎、代谢病、繁殖病和肢蹄病的预防和早期治疗，保持奶牛的健康，合理用药，减少抗生素等化学药物的使用和残留，确保牛奶的卫生安全。

一、奶牛场卫生及检疫规范

（一）奶牛疫病的综合预防措施

奶牛传染病是发展奶牛生产的严重障碍，成为我国奶牛业健康发展的重要制约因素。传染病的发生是由病原微生物、传染途径和易感动物（奶牛）三个环节组成，奶牛接触病原微生物的数量、病原微生物的毒力以及应激作用的变化都可促使奶牛传染病的发生，而奶牛机体抵抗力的强弱则是决定是否发生传染病的重要因素。只有加强对奶牛传染病的认识，掌握传染病的发生和流行规律，采取以环境卫生控制和检疫为重点的综合防治措施，增强对奶牛传染病预防的主动性，才能减少奶牛疫病的发生，降低传染病造成的危害和损失。

1. 广泛宣传，提高全社会防疫意识　宣传和贯彻《中华人民共和国动物防疫法》及其相关法规，相关人员认识到防疫管理的重要性和必要性，对防疫工作给予重视和支持。

对奶牛养殖场，要推广科学饲养、防疫管理技术，提高他们的防疫意识和防制知识。对消费者，要引导他们改变传统的消费观念，树立无公害、绿色的健康消费观念，提高自我保护意识。

2. 奶牛场（舍）建设符合动物防疫要求 奶牛场的选址和布局应符合动物防疫的有关规定，建立在无有害气体、烟雾、灰沙及其他污染的地区，并且远离学校、公共场所、居民住宅区，与主要交通道路间距500米以上。环境卫生质量应符合NY/T 388—1999《畜禽场环境质量标准》的要求。水源应符合NY 5027—2001《无公害食品 畜禽饮用水水质》的要求。

奶牛场应设管理和生活区、生产和饲养区、生产辅助区、畜粪堆贮区和病牛隔离区，各区应相互隔离，布局要合理。净道和污道分离，并尽可能减少交叉点。

建立健全防疫消毒基础设施，取得《动物防疫合格证》。饲养区门口设消毒池和消毒室。人行通道设地面消毒池、洗手池（消毒、清洗两个池）、紫外线消毒灯。

3. 工作人员的健康与卫生要求 场内工作人员每年进行健康检查，在取得健康合格证后方可上岗工作。奶牛场应建立职工健康档案。患有痢疾、伤寒、弯杆菌病、病毒性肝炎等消化道传染病（包括病原携带者），活动性肺结核，布鲁氏菌病，化脓性或渗出性皮肤病及其他有碍食品卫生、人兽共患病者不得从事饲草、饲料收购、加工、饲养和挤奶工作。挤奶员手部有开放性外伤，未愈前不能挤奶。饲养员和挤奶员工作时必须穿戴工作服、工作鞋（靴）和工作帽。挤奶员工作时不得佩戴饰物和涂抹化妆品，并经常修剪指甲。饲养、挤奶人员的工作帽、工作服、工作鞋（靴）应经常清洗、消毒；对更衣室、淋浴室、休息室、厕所等公共场所要经常清扫、清洗、消毒。

4. 建立严格的卫生消毒制度

（1）非牛场人员和车辆不准进入生产区，非生产人员一般不准随意进入生产区。特殊情况下，非生产人员需经淋浴或紫外线消毒，更换专用消毒服、鞋帽后方可入场，并遵守场内的一切防疫制度。

（2）生产区入口的消毒池内应常年保持足量、有效的消毒药，消毒药剂应选择对人、奶牛和环境安全、无残留，对设备无破坏和在牛体内不产生有害蓄积的消毒剂，常用的有2%～4%氢氧化钠溶液、3%～5%来苏儿、0.5%过氧乙酸、10%～20%石灰水或生石灰粉等。药液深度以浸没半只轮胎为宜，任何车辆必须经消毒后方可进入。消毒药要保持有效浓度。

（3）牛舍周围环境及运动场每周至少用2%氢氧化钠溶液或生石灰粉消毒一次。场周围、场内污水池、下水道等每月用漂白粉消毒一次。

（4）每班牛只离槽后，应进行牛粪及其他污物的清扫工作，定期用高压水枪冲洗牛舍，并进行喷雾消毒或熏蒸消毒。每月大扫除、大消毒一次。病牛舍、产房、隔离牛舍等要每班进行清扫和消毒。

（5）定期对饲喂用具、料槽、饲料车等进行消毒，可用0.1%新洁尔灭或0.2%～0.5%过氧乙酸；兽医用具、助产用具、配种用具、挤奶设备等在使用前后都应进行彻底清洗和消毒。

（6）定期进行带牛环境消毒，可用0.1%新洁尔灭、0.3%过氧乙酸、0.1%次氯酸钠等。

（7）挤奶、助产、配种、注射及其他任何与奶牛接触的用具在操作前，应先将相关部位进行消毒。

5. 坚持免疫接种，增强主动免疫　应根据《中华人民共和国动物防疫法》及其配套法规的要求，结合当地实际情况，有选择地进行疫病的预防接种工作，并注意选择适宜的疫苗、免疫程序和免疫方法。

规模奶牛场应做好炭疽、口蹄疫、牛肺疫、副伤寒等病的常规免疫，根据当地流行病学情况，还应做好伪狂犬病、大肠杆菌病、细小病毒病、传染性鼻气管炎、病毒性腹泻等疫病的免疫。要保证免疫密度。

奶牛常用的免疫程序如下：

(1) Ⅱ型无毒炭疽芽孢菌苗　每年5月或10月对全群进行一次预防注射。颈部皮下或肌内注射，一岁以下注射0.5毫升，一岁以上注射1毫升。

(2) 口蹄疫O型亚Ⅰ型二联灭活疫苗、A型口蹄疫疫苗　两种疫苗分开免疫，每年全群各注射3次。犊牛3月龄时首免，一个月再进行一次加强免疫。注射剂量按说明书操作。

口蹄疫弱毒疫苗：每4个月注射一次，肌内或皮下注射。12～24月龄牛，每头每次1毫升，24月龄以上牛，每头每次2毫升。

现在市售有口蹄疫O型、A型、亚Ⅰ型三联苗，操作简便，对奶牛应激小。

(3) 牛肺疫兔化弱毒冻干苗　臀部肌内注射。6～12月龄育成牛0.5毫升，成母牛1毫升。免疫期1年。

(4) 牛副伤寒疫苗　肌内注射，一岁以下牛2毫升，一岁以上牛第一次2毫升，10天后同剂量再注射一次。免疫期6个月。

(5) 气肿疽甲醛疫苗　颈部皮下注射5毫升，免疫期1年。

(6) 伪狂犬病疫苗　颈部皮下注射，犊牛8毫升，成年牛1毫升。免疫期1年。

(7) 牛出败氢氧化铝菌苗：肌内或皮下注射，体重100千克以下4毫升，100千克以上6毫升。免疫期9个月。

(8) 布鲁氏菌羊型5号弱毒冻干苗　肌内或皮下注射，每头250亿活菌。免疫期1年。

(9) 狂犬病疫苗　皮下注射25～50毫升，紧急预防注射3～5次，隔3～5日一次。

(10) 临时预防注射　根据各场情况及附近疫情动态，可适当提前或增补注射疫苗种类及次数。对口蹄疫的预防注射可根据上级布置进行。

注射疫苗后，要注意奶牛的局部和全身反应。局部反应一般表现为注射部位出现红、肿、热、痛等炎症性变化，全身性反应则呈现体温升高、食欲不振、食欲减少、产奶量下降等，有极个别奶牛可出现与所免疫的疾病相似的症状。轻微反应是正常的，当反应较为严重时，应进行治疗。

6. 强化疫病的监测、检疫和净化 按规定定期进行口蹄疫、蓝舌病、炭疽、牛白血病、结核病、布鲁氏菌病的监测、检疫。

（1）适龄奶牛必须接受布鲁氏菌病和结核病的监测、检疫。牛场每年开展两次以上“两病”监测、检疫工作，检测率要达到100%，及时发现和检疫出阳性病牛。

布鲁氏菌病和结核病监测及判定方法按农业部部颁标准执行，即布鲁氏菌病采用试管凝集试验、琥红平板凝集试验、补体结合反应等方法，结核病用提纯结核菌素皮内变态反应方法。

初生牛犊应于20～30日龄时进行第一次结核病监测。假定健康牛群的犊牛除隔离饲养外，并于100～120日龄进行第二次监测。在健康牛群中检出的阳性牛，要立即作扑杀深埋或火化等无害化处理；对可疑反应牛要隔离30日龄进行复检，复检为阳性的应立即处理，若仍为可疑反应时，经30～45天后再复检，如仍为可疑应判为阳性。对假定健康牛群连续进行监测，每两个月1次，连续3次阴性作为清净场。非健康牛群的阳性牛及可疑阳性牛可隔离分群饲养，逐步淘汰净化。

犊牛在80～90日龄时进行第一次布鲁氏菌病监测，6月龄时进行第二次监测，均为阴性者方可转入健康牛群。凡检出阳性牛只应立即处理，对可疑反应牛必须进行复检，连续两次为可疑者应判为阳性。凡未进行布鲁氏菌病免疫的奶牛，在凝集试验中连续2次出现可疑反应或阳性反应时，应及时作出扑杀处理。对已进行免疫奶牛出现可疑或阳性反应时，应作区别诊断，结论为阳性者，应及时扑杀。

凡在健康牛场内饲养的其他动物，也要进行“两病”的监测。

(2) 注意监测我国已扑灭的疫病和外来病的传入，如牛瘟、牛传染性胸膜肺炎、牛海绵状脑病等。

(3) 每年春、秋各进行一次疥癣等体表寄生虫的检查，6～9月，焦虫病流行区要定期检查并做好灭蜱工作，10月对牛群进行一次肝片吸虫等的预防驱虫工作，春季对犊牛群进行球虫的普查和驱虫工作。

(4) 在干乳前15天作隐性乳房炎检验，“++”以上的乳区应进行相应的处理，达到“+”及阴性后才可干奶，在干乳时用有效的抗菌制剂封闭治疗。

7. 严把奶牛引进关 严格执行“准调证”制度。引进牛时，要按照“事前申请、凭证调运、调回报检、复检进场”的规定；引进健康的奶牛也要隔离观察1～2个月，确无传染病方可入群；不从有牛海绵状脑病的国家引进牛只，严禁从疫区引进牛；到非疫区购牛时，要经产地检疫，检疫合格才可购买。

8. 推行健康合格认证制度 对“两病”监测合格的奶牛场，应推行奶牛健康合格认证，发给奶牛群“两病”监测检疫合格证明（或《奶牛群健康登记证》）。严格禁止收购和加工不合格奶牛场生产的牛奶。

9. 加强饲养管理，提高奶牛个体对疫病的抵抗力 保持饲料、饮水、用具和环境清洁卫生，运动场的粪便及时清除，经堆积发酵处理。禁止与其他动物混养或接近；员工定期健康检查，患传染病的人不得做饲养员、挤奶员。夏季做好防暑降温、消灭蚊蝇工作；冬季做好防寒保暖工作。

10. 建立动物疫病预警预报系统。

（二）奶牛疫病的控制与扑灭措施

奶牛场发生疫病或怀疑发生疫病时，应依据《中华人民共和国动物防疫法》及时采取积极有效措施进行控制和扑灭。

1. 发现疑似传染病时，驻场兽医应对疑似奶牛及时隔离，尽早诊断，并尽快向当地畜牧兽医行政管理部门报告疫情。病原不明或不能确诊时，应按要求采取病料送有关部门检验。

2. 确诊发生口蹄疫、牛瘟、牛传染性胸膜肺炎时，应及时划区封锁，建立封锁带。出入人员和车辆要严格消毒。解除封锁的条件是在最后一头病牛痊愈或屠宰后两个潜伏期内再无新病例出现，经过全面大消毒，报上级主管部门批准后方可实施。

3. 对病牛及封锁区内的牛只实行合理的综合防制措施，包括疫苗的紧急接种、高免血清的特异性疗法、抗生素疗法、化学疗法、增强体质和生理机能的辅助疗法等。

紧急接种是对疫区和受威胁区尚未发病的奶牛进行的应急性免疫接种。接种时，必须对奶牛逐一进行临床检查，只能对无任何临床症状的奶牛进行紧急接种，对已发病和处于潜伏期的奶牛不能接种，需要注意的是，在临床检查无症状的奶牛中有一部分处于潜伏期的奶牛，这些奶牛在接种疫苗后可促使其发病，造成一定的损失，这是正常的不可避免的现象。

4. 传染病患牛的扑杀，应严格按兽医法令执行。病死牛尸体要严格按照按 GB 16548—2006《病害动物和病害动物产品生物安全处理规程》进行无害化处置。发生牛海绵状脑病时，除了对牛群实施严格的隔离、扑杀措施外，还需追踪调查病牛的亲代和子代。发生炭疽时，只扑杀病牛；发生蓝舌病、牛白血病、结核病、布鲁氏菌病等疫病时，应对牛群实施清群和净化措施。

5. 被病牛或可疑病牛污染的场地、用具、工作服等必须彻底消毒，粪便、垫草等应作无害化处理。消毒按 GB/T 16569—1996《畜禽产品消毒规范》进行。

6. 严禁调出和出售传染病患牛和隔离封锁解除之前的健康牛。

7. 对检查出的寄生虫病牛要及时隔离并用药物治疗，以防引起疫病流行，其他牛可用预防用药。

二、奶牛兽药使用准则

（一）基本原则

中华人民共和国农业部行业标准 NY5046—2001《无公害食品　奶牛饲养兽药使用准则》对无公害牛奶标准化生产中使用的兽药种类和使用准则做出了规定。奶牛场要建立严格的生物安全体系，防止奶牛发病和死亡，最大限度地减少化学药品和抗生素的使用。确需使用治疗用药的，经实验室诊断确诊后再对症下药，兽药的使用应有兽医处方并在兽医的指导下进行。用于预防、治疗和诊断疾病的兽药应符合《中华人民共和国兽药典》、《中华人民共和国兽药规范》、《中华人民共和国兽用生物制品质量标准》、《兽药质量标准》、《进口兽药质量标准》和《饲料药物添加剂使用规范》的相关规定。所用兽药应来自具有《兽药生产许可证》和产品批准文号的生产企业或者具有《进口兽药许可证》的供应商。所用兽药的标签应符合《兽药管理条例》的规定。

1. 允许使用的兽药

（1）允许使用符合《中华人民共和国兽用生物制品质量标准》规定的疫苗预防奶牛疾病。

（2）允许使用消毒防腐剂对饲养环境、厩舍和器具进行消毒，但不能使用酚类消毒剂。

（3）允许使用符合《中华人民共和国兽药典》（二部）和《中华人民共和国兽药规范》（二部）规定的用于奶牛疾病预防和治疗的中药材和中成药。

（4）允许使用符合《中华人民共和国兽药典》、《中华人民共和国兽药规范》、《兽药质量标准》和《进口兽药质量标准》规定的钙、磷、硒、钾等补充药，酸碱平衡药，体液补充药，电解质补充药，血容量补充药，抗贫血药，维生素类药，吸附药，泻药，润滑剂，酸化剂，局部止血药，收敛药和助消化药。

（5）允许使用国家兽药管理部门批准的微生态制剂。

（6）允许使用 NY5046－2001《无公害食品　奶牛饲养兽药使用准则》（附录 A）中的抗生素类药、抗寄生虫药和生殖激素类药，但在使用中应严格遵守规定的给药途径、使用剂量、疗程和注意事项。休药期应严格遵守附录 A 中规定的时间，未规定休药期的品种，应遵守肉不少于 28 天、奶废弃期不少于 7 天的规定。抗寄生虫药外用时注意避免污染鲜奶。

2. 慎用的兽药　作用于神经系统、循环系统、呼吸系统、泌尿系统的兽药及其他兽药。

3. 禁止使用的兽药

（1）禁止使用有致畸、致癌和致突变作用的兽药。

（2）禁止在饲料及饲料产品中添加未经国家畜牧兽医行政管理部门批准的《饲料药物添加剂使用规范》以外的兽药品种，特别是影响奶牛生殖的激素类药、具有雌激素样作用的物质、催眠镇静药和肾上腺素能药等兽药。

（3）禁止使用未经国家畜牧兽医行政管理部门批准作为兽药使用的药物。

（4）禁止使用未经国家畜牧兽医行政管理部门批准的用基因工程方法生产的兽药。

4. 奶牛饲养允许使用的抗生素类药、抗寄生虫药和生殖激素类药　这类药物的品种及使用规定，请参照中华人民共和国农业部行业标准 NY5046—2001《无公害食品　奶牛饲养兽药使用准则》（附录 A）。

（二）奶牛用药的关键控制点

兽医对患病奶牛的治疗应慎用抗生素。即便使用抗生素，绝大多数情况下也只是通过注射的途径，而不是口服。因为奶牛是多胃动物，口服时，抗生素会把牛瘤胃的部分有益微生物杀死，造成微生物群落失衡。一般小犊牛在瘤胃微生物群落还未建立之前，可口服抗生素，一旦瘤胃微生物区系开始建立，就不能口服抗生素；奶牛性情胆小、非常敏感，即使有陌生人到牛场参观，它们也会受惊而减产，所以给奶牛打针的次数要尽量减少，接种疫苗，尽量采用联苗。打针后，奶牛产奶量会减少。对奶牛慢性疾病如隐性乳房炎、蹄变形等应等到干奶期内再作治疗。要争取在 2 个月内把奶牛调养好，让它们能以健康的体魄投入新一轮的产奶中。在奶牛用药过程中要重点控制以下几点：

1. 允许在临床兽医的指导下使用符合《中华人民共和国兽药典》、《中华人民共和国兽药规范》、《兽药质量标准》、《兽用生物制品质量标准》、《进口兽药质量标准》规定的钙、磷、硒、钾等补充药、酸碱平衡药、体液补充药、电解质补充药、营养药、血容量补充药、抗贫血药、维生素类药、吸附药、泻药、润滑剂、酸化剂、局部止血药、收敛药和助消化药。

2. 对饲养环境、厩舍、器具进行消毒时，不能使用酚类消毒剂，如苯酚（石炭酸）、甲酚等。

3. 禁止在奶牛饲料中添加和使用动物源性饲料，如肉骨粉、骨粉、血粉、血浆粉、动物脂粉、干血浆及其他血液制品、脱水蛋白、蹄粉、角粉、鸡杂碎粉、羽毛粉、油渣、鱼粉、骨胶、动物产品下脚料等。

4. 泌乳期奶牛禁止使用恩诺沙星注射液、注射用乳糖酸红霉素、土霉素注射液、注射用盐酸土霉素、磺胺嘧啶片、磺胺二甲嘧啶钠注射液等抗生素。

5. 泌乳期奶牛禁止使用阿苯达唑片、伊维菌素注射液、盐酸左旋咪唑片、盐酸左旋咪唑注射液等抗寄生虫药。

6. 泌乳期奶牛禁止使用注射用绒促性素、苯甲酸雌二醇注射液、醋酸促性腺激素释放激素注射液、注射用垂体促卵泡素、注射用垂体促黄体素、黄体酮注射液、缩宫素注射液等生殖激素类药物。

7. 严禁使用已被淘汰的兽药品种。

8. 严禁使用已过期的兽药。

9. 严格掌握各类药物的配伍禁忌。

10. 没有注明可用于口服的疫（菌）苗，各种血清、黄体酮、促肾上腺皮质素等，只可用于注射，不可内服。

三、奶牛常见病防治

（一）口蹄疫

1. 简介 口蹄疫是由口蹄疫病毒引起的偶蹄动物的一种的急性、热性、高度接触性传染病。奶牛患病的临床特征是口腔黏膜、乳房皮肤和蹄部出现水疱，水疱破溃后溃疡或溃烂。口蹄疫病毒对外界环境抵抗力强，不怕干燥。病毒对酸和碱很敏感，所以常用的很多消毒药都是良好的消毒剂。

病畜是最危险的传染源，病毒随分泌物和排泄物出，毒力强，富有传染性。病毒常以直接方式传递，也可经各种媒介传播，日照短、高湿、低温有助于空气传播。本病的发生没有严格的季节性，但流行有明显的季节性，一般冬春较易发生大流行。暴发流行的特点是每隔1～2年或3～5年流行一次。

2. 诊断

（1）主要症状 口蹄疫病毒侵入奶牛体内后，经过2～4日，甚至有的牛可达1周的潜伏时间，才出现症状。病牛体温升高达40～41℃，精神沉郁，食欲减退，脉搏和呼吸加快，闭口、流涎，开口有特殊的咂嘴音。1～2天后在口腔、鼻、舌等部位出现水疱，此时口角边常挂满白色泡沫状流涎，有特殊的咂嘴音，采食、反刍停止。经过一昼夜，水疱大部分出现破溃，形成红色糜烂。在口腔发生水疱的同时或稍后，蹄部和乳头皮肤也可发生水疱。并很快破溃，出现糜烂。乳头上水疱破溃，挤乳时疼痛不安。蹄部水疱破溃，蹄痛跛行，蹄壳边缘溃裂，重者蹄壳脱落。泌乳牛常发生乳房炎，有的牛还会发生流产症状。犊牛常因心肌麻痹死亡。

本病一般为良性经过，如果仅为口腔病变，经1周左右即可痊愈。如果出现蹄部病变，则病程可延长2～3周或更久。致死率一般为1%～3%。但如果饲养管理不当，继发细菌性感染，病情可恶化，病毒侵害心肌，因心肌麻痹而死亡。

（2）剖检特征　除口腔、乳房和蹄部的水疱和烂斑外，在咽喉、气管、支气管和前胃黏膜可见圆形溃疡和烂斑，真胃和肠黏膜可见出血性炎症心包膜弥散性及点状出血，心肌软，心肌表面和切面有灰白色或淡黄色斑点条纹，即虎斑心。

3. 防制

（1）为了预防本病，奶牛场要严格执行《中华人民共和国动物防疫法》、《奶牛场卫生及检疫规范》等法律法规，加强消毒和检疫制度，保证牛群健康。不从疫区引购牛只，不把病牛引进入场，严禁羊、猪、猫、犬混养。

（2）及时对奶牛群进行免疫是防制本病的有效方法。现在用的有口蹄疫O型、亚Ⅰ型二联灭活疫苗，A型口蹄疫灭活疫苗，还有口蹄疫O型、A型、亚Ⅰ型三联灭活苗。常用的免疫方案有以下三种：

①每年进行3次口蹄疫疫苗接种。

②采取奶牛血样，进行口蹄疫抗体效价监测，抗体效价一旦下降，应立即对奶牛进行口蹄疫疫苗接种。

③紧急免疫接种。一旦奶牛群受到威胁，立即进行口蹄疫疫苗的免疫接种。

（3）发生口蹄疫时要尽快确诊，并立即上报当地动物防疫监督机构。当地畜牧兽医行政主管部门接到疫情报告后，立即划定疫点、疫区、受威胁区。由发病地县级以上人民政府发布封锁令，对疫区实行封锁。在官方兽医的严格监督下，扑杀并无害化处理病牛和同群牛及其产品，对圈舍、场地及所有受污染物体严格消毒。疫区内最后 1 头病牛扑杀后，经一个潜伏期（14 天）的观察，未再发现新病牛时，经彻底消毒，可报县级以上人民政府解除封锁。

（二）乳房炎

1. 简介 奶牛乳房炎是乳腺组织受到物理、化学、微生物学刺激所发生的一种炎性变化，其特点是乳中的体细胞增多，乳腺组织发生病理变化，乳的性状品质发生异常，奶牛的产奶量降低甚至无奶。

乳房炎是奶牛临床发病率最高、给生产带来损失最大的疾病。100 种以上的微生物与本病有关，大多数为细菌，病毒、真菌和藻类也可引起。病原微生物一种为环境型，主要通过乳头口感染的环境性细菌，另一种是通过挤奶（挤奶员的手、污染的毛巾、污染的药浴杯、污染的奶杯、奶杯内衬、真空压力不稳等）由感染乳房传染给健康乳房的传染性细菌。

2. 诊断

（1）主要症状 根据有无临床症状分为临床性乳房炎和隐性乳房炎两大类。

①临床乳房炎 乳房和乳汁可见异常，有时体温升高或伴有全身症状，泌乳量减少，严重者无奶。根据发病程度分四个类型：

最急性乳房炎：突然发生，乳房重度炎症，水样或血样奶为特征，奶产量严重下降甚至无奶。明显的全身症状，可导致败血症或毒血症。很难治愈，大多淘汰或死亡。

急性乳房炎：奶牛突然发病为急性乳房炎，临床表现为突然发生乳房红、肿、热、痛等，乳汁显著异常。病牛出现全身症状，但比最急性乳房炎轻。

亚急性乳房炎：此类是一种温和的炎症，乳房有或没有眼观变化，奶中可见小的薄片或奶块，牛奶颜色变淡。有时乳房肿胀，奶产量减少。一般没有全身症状。

慢性乳房炎：症状持续不退，乳房可见硬结或萎缩等症状，通常没有明显的临床症状，出现异常乳（薄片或脓样分泌物），容易反复发作，很难治愈。

②隐性乳房炎　隐性乳房炎时乳房和乳汁未见异常，但乳汁中存在的细菌数、体细胞数明显增加。初期可自愈，发展可成为临床乳房炎。由于泌乳量减少而造成经济损失。

（2）剖检特征　慢性乳房炎可见间质增生、乳腺泡萎缩、乳头管上皮肥厚，化脓灶周围包有厚的结缔组织。

（3）实验室诊断　细菌学检查是从乳汁中分离培养乳房炎的病原菌，分离出病原菌后进行细菌药物敏感性试验，为临床治疗提供应用抗生素的依据。

对乳汁理化性状的检查：加州乳腺炎试验又称 CMT 法、体细胞数测定等。

3. 防制

（1）治疗奶牛乳房炎的常用方法：

①患区外敷　用 10%樟脑碘酊，或 10%的鱼石脂软膏外敷患区。

②消炎抑菌、防败血　乳房内直接给药，应选用敏感抗生素注入，每天 2 次，连用 3～5 天，一定要彻底治愈后再停药。

③封闭疗法　乳房基底部封闭，分 3～4 点，进针 8～10 厘米，采用浓度为 0.25%～0.5%的普鲁卡因 150～300 毫升，青霉素 40 万国际单位。

④全身治疗法　25%～40%葡萄糖液 500 毫升，葡萄糖生理盐水1 000～1 500毫升，5%碳酸氢钠 500 毫升，复合维生素 B、维生素 C 静脉注射。

（2）预防　乳房炎的发生与环境、饲养管理、挤奶设备的正确使用与保养、挤奶程序等因素密切相关。

①加强饲养管理，提高奶牛的抵抗力　按照奶牛饲养管理规范，根据奶牛的不同生产阶段进行标准化饲养，保证奶牛的营养平衡，饲草、料和饮水要保持新鲜、清洁，禁吃霉变饲料。特别是对于中、高产奶牛来说，要特别注意矿物质饲料的补充和优质粗饲料的供应。

②重视环境卫生，努力改善环境卫生条件　牛舍应宽敞、通风，运动场要平坦、干燥、无杂物、排水良好，保持牛舍、牛床、运动场清洁干燥，定期消毒，提高奶牛清洁度，改善奶牛福利。

③正确使用功能正常的挤奶设备　首先要选择功能先进的挤奶系统；其次是要经常检查挤奶设备，保证设备处于良好状态；关键是要严格遵守机器挤奶的操作规程，保持真空压力和搏动次数的相对稳定（真空压力应控制在 46.6～50.5 千帕，搏动应控制在每分钟 60～80 次），避免“空挤”。在套上和摘下挤乳杯时，不让空气进入挤奶器的真空管中，防止因此造成的真空不稳定，真空不稳定时，往往容易引起乳杯里已挤出的奶再回到乳房中去，而这种回流造成乳房炎的概率是非常高的。“空挤”往往造成乳管黏膜受损，乳头管口变形，为细菌侵入创造了机会。

④强化挤奶卫生措施，避免交叉感染　挤奶员要保持个人卫生，勤修指甲，勤洗工作服；每挤完 1 头牛应清洗手臂，清洗液可用 0.1％漂白粉或 0.1％的新洁尔灭溶液。

乳头药浴。坚持挤奶前和挤奶后乳头药浴已证明是减少乳腺内感染的重要手段。使用有效的乳头药浴液（市售的品种很多），按照使用说明浴液现用现配；挤奶后也可用消毒药膏涂抹乳头。

清洗和消毒挤奶器具。挤奶器具在使用前后按照清洗程序（挤奶设备供应商提供其设备的清洗消毒程序）彻底清洗、消毒。

分类挤奶。先挤健康牛，后挤病牛；病牛乳要集中处理后废弃。

⑤监测和治疗隐性乳房炎病牛　隐性乳房炎不仅直接造成产

奶量下降，若不及时发现和治疗还会发展成为临床性乳房炎。为了能及时了解奶牛乳房炎的发病情况，要定期检测牛群隐性乳房炎的流行情况，至少应每月对泌乳牛进行一次隐性乳房炎监测，检测方法可采用 CMT 法等。如果隐性乳房炎明显增加，就有必要检讨综合防治措施的落实情况并及时改进。

⑥隔离、治疗和淘汰临床性乳房炎病牛　发现临床性乳房炎病牛要及时从牛群中隔离，单独饲喂，单独挤奶，奶桶、毛巾专用，用后消毒，病牛乳消毒后废弃；采取有效方法及时治疗，临床症状消失后应继续治疗 24～48 小时，直到彻底康复再回牛群，奶牛回群前要进行牛奶抗生素残留的检测，确保牛奶中无抗生素残留；对久治不愈的顽固性乳房炎病牛，应及时淘汰。

⑦严密组织干奶，彻底治疗乳房炎病牛　隐性乳房炎治疗的最好时间是在奶牛干奶前后。对要停奶的牛，应在干奶前 10 天进行 1 次临床检查和隐性乳房炎检测，对临床性乳房炎和检出的隐性乳房炎病牛要彻底治疗，必须在彻底治愈后再干奶。

干奶期治疗采用乳房灌注的办法较为普遍，应按下列方法进行操作：将奶完全挤干净→挤完后迅速进行乳头药浴→用酒精棉球对乳头消毒，一个棉球只能消毒一个乳头，先消毒外侧的一对→灌注药物时先从近侧的一对乳头开始，为避免感染，使用一次性注射器→灌注后要按摩乳房→再进行一次乳头药浴。

在干奶后的头一周和预产的前一周每天至少药浴乳头一次。干奶期间应注意观察乳房变化，发现患病乳区要及时彻底治疗，治愈后重新干奶。

对于干奶牛乳房炎的治疗有两种方案：

第一种方案是：对所有进入干奶期的牛逐个进行治疗，这种方法简单易行，无须送样检测，能够治疗牛群中每头牛的每个乳区。现已普遍应用。

第二种方案是：选择性治疗，只处理体细胞含量高的牛和乳区，它可以缩小治疗范围，节省人力和开支。

（三）瘤胃酸中毒

1. 简介 瘤胃酸中毒是由于大量饲喂碳水化合物饲料，致使乳酸在瘤胃中蓄积而引起的全身代谢紊乱的疾病。病牛以消化紊乱、瘫痪和休克为特征。

发病的主要原因是大量饲喂精饲料，谷物饲料粉碎过细，为了追求高的产奶量，糟粕类饲料饲喂过多，粗饲料给量严重不足；过食含碳水化合物的饲料如小麦、玉米、黑麦及块根类饲料如甜菜、白薯、马铃薯。此外，临产牛、高产牛抵抗力低、寒冷、气候骤变、分娩等应激因素都可促使本病的发生。瘤胃酸中毒常散发、零星出现。

奶牛的亚临床瘤胃酸中毒较传统的瘤胃酸中毒常见，主要与饲养方式有关。奶牛采食易发酵的精料或高酸性的饲料，出现一定程度的暂时性的瘤胃酸度升高，日粮中缺乏足够有效纤维（如TMR粒度太细）的刺激引起奶牛反刍减少，导致唾液分泌量不足，不能恢复瘤胃中的酸碱平衡，也能诱发持续性的亚临床瘤胃酸中毒。这是现在规模化奶牛场易发生的问题。

2. 诊断

（1）主要症状 最急性型常在采食后3～5小时即出现中毒，通常无明显前驱症状，来不及治疗突然倒地死亡；急性病牛，步态不稳，不愿行走，呼吸急促，心搏增数至100次/分以上，气喘，往往在发现症状后1～2小时死亡。死前张口吐舌，高声哞叫，摔头蹬腿，卧地不起，从口内流出泡沫状含血液体；亚急性病牛，食欲废绝，精神沉郁，呆立，不愿行走，或行走时步态蹒跚，眼窝凹陷，肌肉震颤。病情加重者，患畜瘫痪卧地，初能抬头，很快呈躺卧姿势，头平放于地，并向背侧弯曲，呈角弓反张样，呻吟，磨牙，兴奋摔头，四肢直伸，来回摆动，后沉郁，全身不动，眼睑闭合，呈昏睡状，粪稀，色呈黄褐色、黑色，内含血液，无尿或少尿。体温多数正常，偶有轻微升高（39.5℃），心跳正常，重病增数至120次/分以上。伴肺水肿者，有气喘。

在患有亚临床瘤胃酸中毒的牛群中常高发真胃疾患、消化不良、腹泻及引起跛行的蹄叶炎。奶牛群中反刍的奶牛减少。

（2）剖检特征　主要病变在胃。急性病例的奶牛，瘤胃和网胃内容物稀软，散发酸臭味，胃黏膜易脱落，底部出血。真胃见水样内容物，黏膜潮红。亚急性病例，瘤胃和网胃胃壁坏死，黏膜脱落，溃疡，被侵害的瘤胃区增厚3～4倍，呈暗红色隆起。亚临床瘤胃酸中毒瘤胃黏膜局部损伤，肝脓肿，有的可见后腔静脉栓塞。

（3）实验室诊断　通过胃管或穿刺抽取瘤胃内容物进行pH测定，急性病例的pH4.5～5，可作为诊断依据。亚临床瘤胃酸中毒时pH≤6，基本可做诊断。

3. 防治

（1）预防　临床瘤胃酸中毒预防的办法是严格控制精料喂量，精粗比要平衡。防止奶牛偷食精料。不要突然变更饲料日粮，尤其是增加精料时，要逐渐增量，使瘤胃微生物有一个适应阶段。在对谷物饲料加工时，防止加工成的饲料太细。

预防亚临床瘤胃酸中毒的方法是日粮中增加碳酸氢钠、氧化镁等瘤胃缓冲剂。制作粒度合适的全混合日粮，保证日粮中足够的有效纤维含量。在泌乳期第5～150天为母牛做测定，至少测定10%母牛，如果pH低于5.5的母牛超过牛群的25%以上为全群显著性亚临床瘤胃酸中毒。应从饲养上对全群奶牛进行调整。

（2）治疗方法　治疗的原则是补液、补糖、补碱，增加血容量，促进血液循环，纠正瘤胃和全身性酸中毒，恢复体内的酸碱平衡，恢复前胃机能。

首先要禁食1～2天，并限制饮水。

常用碳酸氢钠粉150～300克或石灰水灌服，也可5%的碳酸氢钠1 500～5 000毫升静脉注射。为扩充血容量，常用5%葡萄糖生理盐水3 000～5 000毫升，1次静脉注射。当病牛兴奋不安时，输液中可加入山梨醇或甘露醇300～500毫升，1次静脉注射，以降低颅内压，解除休克。为防止继发感染，可将庆大霉素100万～300万单位、四环素250万单位加入输液中一并静脉注射；为促进乳酸代谢，可肌内注射维生素B_1 0.3克，同时内服酵母片。

当患畜全身中毒症状减轻，脱水缓解，但仍卧地不起时，可以补充低浓度的钙制剂。常用2%～3%氯化钙500毫升，一次静脉注射。

后期可适当应用瘤胃兴奋剂，皮下注射新斯的明、毛果芸香碱或氨甲酰胆碱等。

洗胃疗法：向瘤胃中灌入常水后，再将其导出。

瘤胃切开术：适用于病情轻，尚能站立的病牛，切开瘤胃，取出内容物，以降低其酸度。

（四）真胃移位

1. 简介　真胃移位是指奶牛真胃的正常解剖学位置发生了改变，真胃移位可分为左方变位和右方变位。前者是真胃从正常位置通过瘤胃下方移到左侧腹腔，置于瘤胃和左腹壁之间，又因皱胃内常集聚大量的气体，而使其飘升至瘤胃背囊的左上方。右方变位是指真胃顺时针扭转，转到瓣胃的后上方位置，置于肝脏和腹壁之间。右方变位常呈现亚急性扩张、积液、膨胀、腹痛、碱中毒和脱水等幽门阻塞综合征。现在规模化奶牛场真胃变位是主要的常见病。

2. 诊断

（1）主要症状

①左方变位　大多发生在分娩之后。病初患牛食欲减少，多数患牛食欲时有时无，有的患牛出现回顾腹部、后肢踢腹等腹痛表现；粪便减少，呈糊状、深绿色，往往呈现腹泻；产奶量下

降，有时甚至无奶，乳汁和呼吸气息有时有酮体气味。病牛瘦弱，腹围缩小，有的患牛左侧腹壁最后三个肋弓区与右侧相对部位明显膨大，在左侧倒数第2～3肋间处叩诊可听到典型的钢管音，但左侧腰旁窝下陷。多数患牛体温、呼吸、脉搏变化不大，瘤胃蠕动音减弱，病程长10～30天不等。

②右方变位　多发生在产犊后3～6周，临床症状比较严重，病牛突然不食，蹴踢腹部，背下沉，心跳加快达100～120次/分，体温偏低，瘤胃音弱或完全消失，下痢，粪便呈黑色，右侧最后肋弓周围明显膨胀，在右侧最后3个肋间，叩诊出现类似钢管音。通过直肠检查可以摸到扩张后移的真胃。

（2）实验室诊断　尿酮检查呈强阳性。怀疑左方变位时，在左侧倒数第2～3肋间处穿刺抽取胃液，若胃液呈酸性反应（pH1～4）、呈棕黑色、缺少纤毛虫等，可证明为真胃左方变位。右方变位时，实验室检验常出现碱储升高和血钾降低。

3. 防治

（1）保守疗法　左方变位时，少数病例施行支持疗法后可以康复；也可以在病初采取滚转复位法，应用此法时应事先使病牛饥饿数日，并适当限制饮水。尽管滚转复位法比较简单，但是其复发率高，可达50%左右。对于右方变位，保守疗法无效，应尽快施行手术。

（2）手术治疗　治愈率高，术后很少复发，尤其是对于保守疗法无效的右方变位，几乎是唯一的治疗方法。现就常用的方法予以介绍：术前对瘤胃积液过多的牛进行导胃减压，对有脱水和电解质紊乱的牛应该进行补液和纠正代谢性碱中毒。

①左方变位　站立保定，用3%盐酸普鲁卡因进行腰旁神经传导麻醉配合术部浸润麻醉，如有需要可用1毫升静松灵肌内注射进行全身麻醉。取左肷部前切口，打开腹腔，暴露真胃，若真胃积气、积液过多，应先放气、排液，以减轻真胃内压力，便于整复。作真胃预置固定线，用10号缝合线在真胃的大弯上作3

个浆膜肌层的水平纽扣缝合。将真胃固定线穿系在右侧腹壁上进行整复。术者手持真胃预置固定线线尾，经瘤胃下方绕到右侧腹腔，确定该预置线于右侧腹壁相对应位置后，用手指在腹内向外推顶，指示助手在右腹壁的对应处剔毛消毒，作局部浸润麻醉，并对皮肤作一个1厘米小切口。助手用止血钳经皮肤小切口向腹腔内戳入，使止血钳进入腹腔，与此同时，术者手指在腹腔内保护戳入腹腔内的止血钳钳端，以防损伤腹内器官。助手用止血钳夹持线尾将缝合线拉出体外，暂不拉紧，同法将其余两根固定线引出体外，此时术者手退回左腹部，用手推送真胃经瘤胃下进入右侧腹腔，与此同时，助手提起3根固定线同时向腹外牵拉，使真胃在推送和牵拉的配合下复位，术者检查真胃复位是否正常，检查无误后指示助手拉紧3根固定线，在3个皮肤小切口内打结，皮肤小切口缝合1～2针，此时真胃已牢固地固定在右侧腹底壁上。常规闭合左肷部切口。

②右方变位　保定与麻醉同左方变位，作右肷部前切口，打开腹腔后，变位的真胃就暴露于切口内。大多数病例需要放气、排液，施行减压。探查真胃的扭转方向，作与扭转方向相反方向的整复，为防止整复的真胃再度变位，可参照左方变位的整复方法将真胃固定在右侧腹底壁上。常规闭合右肷部切口。

③术后护理　术后7天内，使用抗生素和氢化可的松控制炎症的发展，纠正脱水和代谢性碱中毒，使用兴奋胃肠蠕动的药物以恢复胃肠蠕动，可适当使用缓泻剂，以清除胃肠内滞留的腐败内容物。

（3）预防　增加全混合日粮有效纤维含量，加强运动，可减少本病发生。

（五）酮病

1. 简介　酮病也叫酮血症，是体内物质代谢和能量代谢障碍，尤指碳水化合物及脂肪代谢紊乱，使得体内酮体浓度增高的一种代谢性疾病。常被看作是某种代谢病的先兆，如奶牛肥胖综合征或真胃变位，而不是一种单独的疾病。患有酮病的奶牛常常拒食或采食不佳，并且呼出的气体中带有酮味，产奶量降低。有临床症状的称临床型，无明显的临床症状称亚临床型，常常被忽视。

原发性酮病主要是精、粗饲料比例不当，蛋白质和脂肪含量高的饲料供给过多，粗饲料尤其是碳水化合物饲料不足。继发性酮病是由奶牛肥胖综合征、真胃变位、乳房炎等疾病引起奶牛采食量不足，导致机体干物质摄入量减少而发病。如果发生皱胃变位，患酮病发生率增加53%。

2. 诊断

（1）主要症状　分临床型和亚临床型。

①临床型分神经型、消化型、瘫痪型。

神经性酮病是一种急病，以神经症状为主。突然发病，过度兴奋、狂躁，啃咬牛栏等，还会冲撞建筑或人。

消化型的奶牛常常拒食或采食不佳，泌乳量、体重明显下降，病牛呼出的气体中常带有酮味。

瘫痪型的病牛较少，多发于分娩数天后，先兴奋后抑制，四肢无力，继发瘫痪，昏迷状，头颈弯向一侧，类似产后瘫痪。

②亚临床型除了产奶量减少，没有可以看见的症状。

（2）剖检变化　肝脏肿大、质脆弱，呈轻度脂肪肝。胸腺、淋巴组织、胰腺退行性变化。

（3）实验室诊断

①取牛奶或牛尿，用酮粉检测，结果阳性者为酮病。

②用试纸条检测奶牛血液中β-羟丁酸（BHBA）的含量。如果血清BHBA高于14.4毫克/分升，亚临床型酮病。如果血清BHBA超过26毫克/分升，即为临床型酮病。

3. 防治

（1）预防

①日粮平衡，分娩后要逐渐提高谷物的采食量，不能为了催奶而操之过急。日粮中除青贮外，应加喂优质干草。产前要避免牛只过肥。

②对于规模化奶牛饲养场来讲，牛群中亚临床型酮病往往给生产带来的损失是不可低估的。如酮病这样的泌乳早期常见的代谢性疾病是真正的管理性疾病，就全群而言，酮病是否发生，取决于干奶后期和泌乳早期为追求高的产奶量而向高营养日粮过渡时奶牛的饲养与管理。如果奶牛开始泌乳后在 6 周内酮病的发生率超过可以接受的范围，就认为是群的问题。在泌乳期第 5～50 天为母牛做血清 BHBA 测定，测定数量不低于这个时期母牛数的 10%，如果血清 BHBA 高于 14.4 毫克/分升的母牛超过牛群的 20%以上为显著。作为对全群酮病的评估，这种方法有其优势。

（2）治疗酮病有多种可行的治疗方案，其中最主要的方案是给奶牛补充能量。如静脉输糖、口服乙二醇等。有时静脉注射重碳酸盐很有必要。

（六）产后瘫痪

1. 简介 产后瘫痪又称分娩牛低血钙症、产褥热。是奶牛分娩前后突然发生的急性低血钙症。以精神沉郁、知觉丧失、四肢瘫痪、知觉丧失、体温下降及低血钙为主要特征。多发生在产后 3 天内，少数发生在产前和产后数周。

一般认为，分娩前后血钙浓度剧烈降低是引起产后瘫痪的直接原因。多发生于 3～6 胎的奶牛。

研究表明，产后瘫痪的奶牛发生酮病的几率增加 23 倍，发生胎衣不下的概率增加 4 倍，发生临床性乳房炎的概率增加 5 倍。

2. 诊断

（1）主要症状

①典型性症状　病初奶牛不安，反刍、食欲停止，有的肌肉震颤，站立、行走不稳，易于倒地，随后起立困难，卧地不起，精神高度抑制，四肢屈于腹下，头颈呈S状弯曲，人工复位松手后又回到原样。随病情的发展知觉消失，闭目昏睡，眼睑反射弱或消失，体温35～36℃，甚至更低，心跳100次/分以上。

②非典型症状　病情轻，瘫痪症状不明显。精神沉郁，对外界反应迟钝。食欲降低，瘤胃蠕动弱，不能站立而卧地，头颈呈轻度S状弯曲。

（2）剖检变化　有的病例心、肝、肾等发生脂肪浸润。没有其他特征性病变。

（3）实验室诊断　血钙含量低于6毫克/分升，就可确诊。

3. 防治

（1）治疗　临床治疗时，补钙是关键。使用磷酸二氢钠配合治疗比单纯使用钙制剂治疗，效果更好。

（2）预防

①加强干奶期和围产前期的饲养管理。合理分群，严格实行对奶牛阶段性饲养，防止奶牛过肥。干奶期饲喂低钙日粮。围产前期单独饲养，配给的日粮浓度要使得奶牛瘤胃适应产后高浓度日粮的要求，这个过渡期对奶牛下一个胎次的产奶量起着举足轻重的作用。

②许多专业兽医认为，对成年奶牛而言，产后瘫痪（包括非典型性）的奶牛占20％时，就成为群问题。兽医对奶牛进行抽样采血分析，进行评估，奶牛营养师就应该对奶牛所采食的全日粮进行检讨，进行必要的改进。通过给日粮中添加阴离子盐来控制无机阴阳离子的含量，解决了一些牛群中大量发生产后瘫痪的问题。因此，兽医师与营养师的沟通非常重要。

③对有瘫痪病史和肥胖的奶牛，产前8天开始肌内注射维生素$D_3$10000国际单位，每天1次，直到分娩。同时静脉补钙补磷，预防效果很好。也可通过口服能在胃内缓慢释放的钙离子来

达到预防的目的，从产前 2 天开始，每天 1 次即可。

（七）蹄叶炎

1. 简介 蹄真皮的弥散性、腐败性炎症称为蹄叶炎。通常在所有四蹄多有不同程度的发生，某些奶牛仅表现在两前蹄，或是很偶然地发生于两后蹄或单独一蹄发病。跛行、蹄过长、出现蹄轮及蹄底出血都是此病的特征。

最常见的病因是奶牛过食高精料，引起亚临床或临床性瘤胃酸中毒，乳酸、内毒素及其他血管活性物质通过瘤胃吸收而引起蹄叶炎。夏季热应激导致瘤胃内微生物死亡，产生内毒素等物质，经瘤胃吸收引起蹄叶炎是夏季过后奶牛群高发蹄叶炎的一个很重要的原因。

2. 诊断 主要症状是跛行，肢势改变，不愿意站立和懒于运动是主要特征。可分为急性、慢性、亚临床性。

（1）急性病例表现为步状僵硬，运步疼痛，背部弓起。严重病例，为了减轻疼痛，病牛两前肢交叉，两后肢叉开，奶牛不愿站立，趴卧不起。食欲和产乳量下降。蹄壁温度升高。由于疼痛对检蹄器敏感，所以蹄部升温、典型的跛行及对检蹄器反应敏感是奶牛急性蹄叶炎的主要症状。

（2）牛慢性蹄叶炎，呈典型拖鞋蹄，蹄背侧缘与地面形成很小的角度，蹄扁阔而变长。蹄背侧壁有嵴和沟形成，弯曲，出现凹陷。蹄底切削出现角质出血，变黄，穿孔和溃疡。

（3）亚临床型蹄叶炎，不表现跛行，但削蹄时可见蹄底出血，角质变黄，而蹄背侧不出现嵴和沟。雷布汉认为亚临床性蹄叶炎是白线分离、蹄底脓肿、蹄裂、蹄壁过度生长等疾病的病因。

对规模化奶牛场的兽医来说，确定牛群作为群问题的亚临床性蹄叶炎要进行多方面的论证，因为牛场兽医的结论对奶牛群的饲养、管理的调整起指导作用。

3. 防治

（1）预防

①配制营养均衡的日粮，合理分群饲养　配制符合奶牛营养需要的日粮，保证精粗比、钙磷比适当，注意日粮中阴阳离子差的平衡。为了保证牛瘤胃 pH6.2～6.5 可以添加缓冲剂。制作的全混合日粮的粒度、水分适当。

②提高奶牛福利　加强牛舍卫生管理，保持牛舍、牛床、牛体清洁干燥。奶牛的上床率应保持在 85%以上。奶牛喜欢躺卧，其每天的躺卧时间在 14 小时左右，应尽量得到满足。

③定期喷蹄浴蹄　夏季每周用 4%硫酸铜溶液或消毒液进行浴蹄，浴蹄时应扫去牛粪、泥土等。浴蹄可在挤奶台的过道上和牛舍放牧场的过道上，建造长 5 米、宽 2～3 米、深 10 厘米的药浴池，池内放有 4%硫酸铜溶液（也可放置生石灰粉末），让奶牛上台挤奶和放牧时走过，达到浸泡目的。注意经常保持有效的药液浓度。

④适时正确地修蹄护蹄　专业修蹄员每年至少应对奶牛进行两次维护性修蹄，修蹄时间可定在分娩前的 3～6 周和泌乳期 120 天左右。修蹄注意角度和蹄的弧度，适当保留部分角质层，蹄底要平整，前端呈钝圆。

（2）治疗　分清是原发性还是继发性。原发性多因饲喂精饲料过多所致，故应改变日粮结构，增加优质粗饲料喂量。继发性多因乳腺炎、子宫炎和酮病等引起，应加强对这些原发性疾病的治疗。

首先应彻底清蹄，去除蹄部污物，然后对患蹄进行修整，暴露病变部位，彻底清除坏死组织，喷涂 10%碘酊，用呋喃西林粉、消炎粉和硫酸铜适量压于伤口，再用鱼石脂外敷，绷带包扎即可。如果蹄部化脓，应彻底排脓，用 3%的过氧化氢溶液冲洗干净，如有瘘管就要作引流术。3 天后换药一次，一般 1～3 次即可痊愈。

为缓解疼痛，防止悬蹄发生，可用1%普鲁卡因 20～30 毫升行蹄趾神经封闭，也可用乙酰普吗嗪肌内注射。静脉注射 5%碳酸氢钠液 500～1 000毫升、5%～10%葡萄糖溶液 500～1 000毫升。也可静脉注射 10%水杨酸钠液 100 毫升、葡萄糖酸钙 500毫升，严重蹄病应配合全身抗生素药物疗法，同时可以应用抗组织胺制剂、可的松类药物。

（八）胎衣不下

1. 简介 母牛分娩后一般在 6～12 小时排出胎衣，如果超过上述时间仍不能排出时，为胎衣不下。常分为全部胎衣不下和部分胎衣不下。也有人认为，奶牛在分娩后 8 小时，胎衣没有排出，就认为是胎衣不下，可以进行干预。如果胎衣不下的牛占分娩牛的 5%，管理者就要给予必要的关注。

热应激和围产期低血钙容易引起胎衣不下，一些营养性因素（如干奶期营养过高、维生素 A 水平低下、维生素 E 及硒不足）也可导致胎衣不下。

发生胎衣不下的奶牛在以后的分娩中发生胎衣不下的风险更大。更重要的是，发生胎衣不下的奶牛其代谢性疾病、乳房炎、子宫炎、真胃移位、尿路上行感染及今后发生流产的概率更高。

2. 诊断 母牛分娩后，阴门外垂有少量胎衣，持续时间超过 12 小时。有时虽有少量胎衣排出，但大半仍滞留在子宫内不能排出。也有少数母牛产后在阴门外无胎衣露出，只是从阴门流出血水，卧下时阴门张开，才能见到内有胎衣。胎衣在子宫内腐败、分解和被吸收，从阴门排出红褐色黏液状恶露，并混有腐败的胎衣或脱落的胎盘子叶碎块。少数病牛由于吸收了腐败的胎衣及感染细菌而引起中毒，出现全身症状，体温升高，精神不振，食欲下降或废绝，甚至转为脓毒败血症。少数病牛不表现全身症状，待胎衣等恶露排出后则恢复正常。大多数牛转化子宫内膜炎，影响母牛下一胎的受孕。

3. 防治

（1）治疗　可进行药物及辅助治疗。

①10%葡萄糖酸钙注射液、25%的葡萄糖注射液各500毫升，1次静脉注射，每日2次，连用2日；催产素100国际单位，1次肌内注射；氢化可的松125～150毫克，1次肌内注射，隔24小时再注射1次，共注射2次。增强子宫收缩，用垂体后叶素100国际单位或新斯的明20～30毫克肌内注射，促使子宫收缩排出胎衣。如果出现全身症状，则用全身疗法。应用抗生素会产生抗生素奶，要引起足够注意。

现在在兽医临床上，不提倡剥离胎衣；子宫灌注要谨慎。

②中药疗法："生化汤"：川（芎）、当归各45克，桃仁、香附、益母草各35克，肉桂20克，荷叶3张，水煎，加酒60～120毫升，童便1碗，混合灌服。如瘀血腹痛，加五灵脂、红花、莪术；若体质虚弱加党参、黄芪；若热，去肉桂、酒，加黄芪、白芍、干草；若胎衣腐烂，则加黄柏、瞿麦、萹蓄等。

（2）预防

①应注意干奶期和围产前期的饲养管理，分群饲养提供合理的全价日粮调配，特别是钙、磷的含量。

②从泌乳后期开始，到干奶期及围产前期一定要控制好奶牛的体况。合适的体况评分为3.5分。禁忌奶牛肥胖。

③对高风险奶牛提前干预。产前肌内注射维生素A、维生素D、维生素E。如果分娩8～10小时不见胎衣排出，则可肌内注射催产素100国际单位，静脉注射10%～15%的葡萄糖酸钙500毫升。

（九）子宫内膜炎

1. 简介　子宫内膜炎是指母牛在分娩接产和产后期，由于病原微生物侵入生殖器官，引起子宫黏膜的黏液性或脓性发炎过程。子宫内膜炎根据炎症性质可分为卡他脓性子宫内膜炎和纤维蛋白性子宫内膜炎，根据病程可分为急性子宫内膜炎、慢性子宫内膜炎和隐性子宫内膜炎。

2. 诊断 依据临床症状即可做出诊断。按病程可分为急性子宫内膜炎和慢性子宫内膜炎。

(1) 急性子宫内膜炎 常于产后或流产后 7～10 天发病。急性卡他脓性子宫内膜炎患牛有时拱背、努责，从阴门中排出黏液性或黏脓性分泌物，有腐败臭味，病牛出现程度不同的体温升高、精神沉郁、食欲减退等全身症状。患牛常努责，从阴门中排出淡红或棕黄色的分泌物，内含灰白色黏膜组织小块。阴道检查，可发现子宫颈外口肿胀、充血，稍有张开，阴道底部常蓄积渗出物。直肠检查，子宫壁增厚，稍硬，子宫收缩微弱，手触子宫有波动感。

(2) 慢性子宫内膜炎 常由急性子宫内膜炎不治发展而来。患牛主要表现为屡配不孕，发情时阴道分泌物增多，或有脓性物，其他症状不明显。阴道检查，可见子宫颈口稍开张，阴道和子宫颈口充血、肿胀，充有分泌物。直肠检查，子宫角肿大，子宫壁薄厚不均，子宫无收缩反应。

(3) 慢性隐性子宫内膜炎 患牛性周期正常，发情也正常，但屡配不孕。阴道、直肠检查，生殖器官无疑常变化。

3. 防治

(1) 治疗 急性和慢性子宫内膜炎主要是促进子宫内积聚的渗出物排出和消除子宫感染，恢复子宫张力，增加子宫血液供给，增强子宫免疫功能，加速子宫自净作用。隐性子宫内膜炎主要是采用清理子宫的办法给予治疗。

①前列腺素 2～4 毫克，肌内注射。

②雌二醇 30 毫克，肌内注射，2 小时后再肌内注射催产素 100 国际单位，必要时在 1 小时后再肌内注射催产素 100 国际单位。

③子宫内注入抗生素。采取子宫分泌物在实验室做药敏实

验，选取敏感的抗生素进行治疗。

④“清宫液”系列、“宫炎净”、“宫得康悬浮液”、“清宫悬浮液”等药剂，根据病情，按产品说明使用。

⑤益母草150克、艾叶100克、当归30克、川芎30克、香附30克、生地30克、赤芍30克、泽兰30克、生桃仁20克、红花15克、巴戟40克、生黄芪40克，研为细末，加黑豆面100克，红糖200克为引，开水充调，一次灌服。隔天1剂，连服2～3剂。

（2）预防

①加强饲养管理。重视怀孕后期和干奶期奶牛日粮营养平衡，尤其是维生素A、维生素D、维生素E及硒、锰、钴等微量元素和钙、磷矿物质的比例。增加过渡期奶牛的干物质采食量。

②加强卫生管理。人工授精要严格遵守兽医卫生规程，对输精枪等用具严格消毒，彻底消毒母牛外阴部，避免生殖道感染。搞好环境卫生，保持奶牛环境的干燥、干净、卫生，避免环境污染。

③密切观察产后奶牛的子宫状况、定期检查，早发现、早治疗。

（十）卵巢机能不全

1. 简介 卵巢机能不全是指奶牛不排卵或排卵延迟但有发情表现，以及奶牛排卵而无发情表现的这种疾病。包括卵泡萎缩、卵巢机能减退及卵泡交替发育等引起奶牛生理表现出现异常，是奶牛繁殖疾病中的常见病，尤其是高产奶牛。

饲养管理不当，运输应激、热应激等因素，内分泌机能紊乱等均可导致本病发生。

2. 诊断 主要依靠临床症状和直肠检查结果来确定，兽医用B超仪也能提供依据。常有以下几种情形：

（1）卵巢静止 卵巢机能受到扰乱后处于静止状态，也称卵巢机能减退。母牛长期不发情。直肠检查：卵巢形状、大小正常或缩小，质地正常或稍硬，表面光滑，既无黄体又无卵泡，有的在一侧卵巢上感觉到有很少的黄体残迹。子宫角较小，子宫迟缓，缺乏弹性。如不及时治疗，卵巢机能长久衰退，则可能引起卵巢组织的萎缩、硬化，其卵巢小如豌豆或小指肚，子宫角细小。

（2）排卵延迟及卵泡交替发育　是指母牛发情后排卵时间向后延迟，超过了正常规律。卵泡交替发育是指母牛发情时，一侧卵巢上发育的卵泡中途停止了发育，而另一侧卵巢上又有新的卵泡发育。母牛表现和正常发情一样，但发情的持续时间明显延长，可达3～5天或更长。最后有的可能排卵，并形成黄体，有的则不排卵，卵泡发生萎缩或闭锁。

（3）安静发情（隐性发情、暗发情）　母牛外观无明显的发情表现或者表现非常微弱，不细心观察则难以发现，而卵巢有卵泡发育且能够正常排卵。主要是体内生殖激素平衡失调所致。

3. 防治　保证全价营养，加强管理，恢复卵巢功能。

（1）激素疗法

①对卵巢静止的奶牛，用促卵泡素（FSH）＋促黄体素（LH）各200～400国际单位，每日或隔日1次肌内注射，2～3日为1个疗程。绒毛膜促性腺激素（HC克）2 000～2 500国际单位，静脉注射或肌内注射。孕马血清（PMSG）1 000～2 000国际单位，肌内注射。对于卵巢已经萎缩的病牛，须连续肌内注射促卵泡素3次，观察母牛发情后再肌内注射促黄体素。

②对久不发情的患卵巢萎缩的母牛，可肌内注射黄体酮3次，2天注射1次，每次100毫克，第八天再注射孕马血清30毫升。

③对于隐性发情的奶牛，肌内注射苯甲酸雌二醇4～10毫克。

（2）可利用牛催情，加速奶牛排卵。

（3）预防　加强饲养管理，改善饲料品质，提供全价日粮，增加奶牛运动。

（十一）持久黄体

1. 简介　母牛在发情和分娩后，性周期黄体或妊娠黄体超过正常时间（25～30 天）而不消失，并继续分泌孕酮，抑制卵泡发育，使母牛发情周期停止循环，患病母牛长期不发情。

2. 诊断　主要依据临床症状和直肠检查来确定。

（1）症状　母牛长期不发情，个别奶牛虽有发情表现但不排卵；母牛在发情周期内不发情，间隔 5～7 天再进行直肠检查，连续 3 次，黄体依旧存在。

（2）直肠检查　一侧或两侧卵巢增大，卵巢表面上有突出的黄体，黄体体积较大，质地较卵巢实质为硬，有的呈蘑菇状，中央凹陷。有时在一个卵巢上摸到 1～2 个或多个较小的黄体。子宫松软，触诊无收缩反应，有时伴有子宫内膜炎等疾病。

3. 防治

（1）治疗　采用下列治疗方法：

①前列腺素 $F_{2\alpha}$（P 克 $F_{2\alpha}$）5～10 毫克，肌内注射，每天 1 次，连用 2 天；或 4～7 毫克，子宫内一次灌注。

②氯前列烯醇 0.8 毫克，一次肌内注射。

③促排卵素 3 号（LRH-A_3）400～600 国际单位，肌内注射，每天 1 次，连用 3～4 次。至正常发情后适时输精，并于输精后第 7 天和第 11 天各肌内注射黄体酮 100 毫克。

④摘除黄体。先给母牛注射维生素 K_3，然后用手伸入直肠，隔着直肠壁抓住卵巢，以食指和中指夹住卵巢的韧带，用拇指在黄体的基部把黄体摘除。

⑤压碎黄体。用手插进直肠，隔着直肠壁用拇指、食指和中指握住卵巢，把卵巢放在食指和中指之间，在卵巢和黄体交界的凹陷处，用拇指积压，把黄体压碎。黄体被压碎之后，还要用手

指再按压5分钟左右，防止出血，应谨慎应用。

（2）预防

①加强母牛产后监控，注意观察发情周期。

②防治围产期疾病，降低胎衣不下及子宫疾病。

③加强饲养管理，坚持分群饲养。

（十二）卵巢囊肿

1. 简介 卵巢囊肿是指卵巢上长期存在有大于成熟并且含有液体的卵泡。特点是在预期排卵的时间内不排卵，继续增大。卵巢囊肿分为卵泡囊肿和黄体囊肿。

卵泡囊肿是卵泡上皮细胞变性，卵泡表膜纤维化，卵泡壁组织增生变厚，卵细胞死亡，卵泡液未被吸收或者增多而形成的一种异常状态。

黄体囊肿是由于未排卵的卵泡壁上皮黄体化，或卵泡囊肿长期得不到治愈，卵泡壁上皮细胞发生黄体化，或这是正常排卵后黄体化不足，在黄体内形成空腔，腔内积聚液体而形成的一种异常状态。

2. 诊断 根据临床症状和直肠检查结果可以诊断。

（1）卵泡囊肿 患牛初期有发情表现，但不排卵，发情持续时间可达7～15天，没有发情规律；性机能高度亢进、失调，呈现“慕雄狂”，焦躁不安，食欲不振，长时间爬跨，前肢刨地哞叫似公牛。若卵泡囊肿长时间得不到缓解，卵泡上皮则变形萎缩，不再分泌卵泡素，患牛表现不发情，或仅有微弱发情，泡囊中的卵泡不减退，不消失，阴门水肿和鼓起，似临产母牛，其颈部肌肉增厚似公牛，而荐坐韧带松弛，臀部肌肉塌陷，尾根抬高，尾根与坐骨结节之间出现一个深的凹陷。直肠检查，在肿大的卵巢上有一个或数个壁紧张而有波动的囊泡，其直径一般超过2厘米以上，有的达到5～7厘米，间隔2～3天以上不消失。长期的卵囊肿可并发子宫内膜炎和子宫积液。

(2) 黄体囊肿　患牛外表症状是长时间不发情，阴道干涩，黏膜苍白，外阴部收缩较紧。直肠检查，在较硬的卵巢上有一个或多个壁厚而软的囊泡，多次反复检查，囊肿存在一个发情周期以上，母畜仍不发情。

3. 防治

(1) 治疗

①卵泡囊肿较难治疗，发现越早，治疗越及时，疗效越好。

■ 促黄体激素 100～200 国际单位，一次肌内注射。用药 1 周后症状未见好转，可稍加大药量再用一次。

■ 促黄体素释放激素（LH－RH）1.2 毫克，一次静脉注射，或 1.5～2.0 毫克，一次肌内注射。

■ 绒毛膜促性腺激素（HCG）3 000～5 000 国际单位，一次静脉注射，或 10 000～20 000 国际单位，一次肌内注射。

■ 地塞米松 10～20 毫克，肌内注射，隔日 1 次，连注 3 次。

■ 通过直肠按摩卵泡，促其卵泡液逐渐吸收。

②对于患黄体囊肿的母牛，可用前列腺素 2～4 毫克，一次肌内注射，可连注 2～3 次。或用氯前列烯醇 0.8 毫克，一次肌内注射，可连注 2～3 次。也可用促排 3 号 400～600 国际单位，每天一次，肌内注射，可连注 3～4 次。

(2) 预防

①奶牛日粮平衡，饲料多样化。加强母牛产后繁殖监控。

②及时准确地对正常发情牛进行配种，缩短产犊间隔。

③做好选种选配，降低遗传因素的影响。

(十三) 蹄变形

1. 简介　蹄变形是由于各种不良因素的作用，致使蹄角质异常生长，蹄外形发生改变，又称变形蹄。奶牛蹄变形的发生率随胎次的增加明显增高，奶产量越高，蹄变形的可能性越大，后蹄多于前蹄，前蹄多见宽蹄、长蹄，后蹄以翻卷蹄较多。

引起蹄变形的因素很多，但主要原因是饲养管理不当造成。其中有为了过分追求奶产量而日粮中精饲料喂量过高，粗饲料不足或缺乏；日粮中矿物质饲料钙、磷不足，或比例不当，致使钙磷代谢紊乱；不能坚持定期修蹄也是蹄变形发生增多的原因之一。

2. 诊断 临床上通过观察牛蹄，容易诊断。变形蹄的形状多种多样，常见的有延蹄、长嘴蹄、长刀蹄、拖鞋蹄、低蹄、高蹄、平蹄、丰蹄、狭窄蹄、山羊蹄等。

3. 防治

（1）治疗 奶牛发生蹄变形，最为实用的方法是修蹄疗法。

（2）预防

①供给的日粮满足奶牛营养需要，结构合理。

②定期修蹄，保持蹄形正常。

③保持奶牛生产生活环境干净，保证牛蹄卫生，坚持蹄浴。

④优化配种方案，剔除遗传因素对牛群的影响。

（十四）趾（指）间赘生

1. 简介 趾（指）间赘生是奶牛趾（指）间皮肤（表皮和真皮）组织的慢性增殖性疾病，又称趾（指）间皮肤赘生、趾（指）间皮肤增生、趾（指）间皮肤增殖。本病多发生于 2～4 胎之间的奶牛，后蹄较前蹄多发。

2. 诊断 根据临床症状即可诊断。起初，趾（指）间背侧皮肤发红、肿胀，出现小的突起。随病程发展，小突起不断增大，继而填满趾（指）间间隙，使得两趾（指）分开，病牛出现跛行症状。到后来，增生物表面破溃、感染，其表面有渗出物，也可形成干痂。还可形成一种疣样菜花样增生物。当真皮暴露，在两趾（指）间压力和其他物体作用时疼痛加剧。奶牛产奶量减少。

3. 治疗

（1）用高锰酸钾粉、硫酸铜对增殖物进行腐蚀，烧烙。外涂松馏油，用绷带包扎。这种方法适用于赘生物小的情况下效果好。

（2）手术疗法

①先洗刷蹄部，去除污物，然后用0.1%的新洁灭尔泡蹄，增殖物基部可注射普鲁卡因20毫升麻醉，10分钟后产生药效。

②手术前在手术上方（球节）打止血带，将绷带拴在两趾尖上向两侧拉开，使增殖物充分暴露出来，用钳夹住增生物，沿其基部做梭形切口，切开皮肤及结缔组织直到脂肪显露为止，切除增生物。

③术后用止血带止血，40分钟后解除止血带，用土霉素粉或冰片撒布伤口。创缘做2～3针结节缝合，外涂松馏油，最后在两趾间钻孔用铁丝连接，防止趾间过度伸展。最后用绷带包扎，3～4天换药绷带1次，2周后拆除绷带。

（十五）前胃弛缓

1. 简介 前胃弛缓是由于奶牛前胃收缩力减弱，食物不能在胃内正常消化和向后推送而腐败分解，产生有毒物质，造成前胃神经调节机能紊乱、前胃壁兴奋性降低而引起的一种消化障碍和全身机能紊乱的疾病。

前胃弛缓的发生主要原因是饲喂品质不良的草料或突然变换饲料等。另外，瘤胃臌气、瘤胃积食、创伤性网胃炎及酮病等也常继发前胃弛缓。

2. 诊断 病牛表现食欲减退或只吃青贮、干草，不吃精料，最后完全拒食。反刍减少或停止，瘤胃蠕动缓慢或停止，触诊瘤胃呈黏硬感，有时扩张，按压有痛感。

3. 防治 预防本病重在加强饲养管理，合理搭配精、粗饲料比例，防止饲料突然变换，不喂发霉变质饲料。

（1）治疗　本病的关键在于加强瘤胃的运动和排空机能，制止瘤胃的异常发酵过程，恢复正常的反刍和食欲。

①发现病牛应首先停喂 1～2 天，给予易于消化的饲料，可进行瘤胃按摩，每次 20～30 分钟，每天 3～5 次。

②为促进瘤胃兴奋，可用 5%氯化钙溶液和 5%氯化钠溶液（每千克体重 1 毫升），加入苯甲酸钠咖啡因 2～3 克，静脉注射。或用新斯的明按每 450 千克体重 25 毫克剂量皮下注射。或用硫酸镁 500～1 000 克，加水配成 10%溶液，一次内服。

③若瘤胃蠕动尚未完全消失，也可用酒石酸锑钾 6～12 克，溶于 100～200 毫升水中，一次投服。

恢复期间可给予健胃剂如大蒜酊 60～80 毫升，或龙胆酊 50～60 毫升。

④中兽医认为瘤胃弛缓属于脾胃虚弱，治疗方用：党参、白术、陈皮、木香各 30 克，麦芽、健曲、生姜各 60～90 克，共为末，温水冲服。

民间验方有用食醋 200 毫升，大蒜 50 克，姜 50 克，姜和大蒜捣碎加醋，加适量水灌服。

（2）预防　提供优质、合理的日粮，不要为追求奶牛高产量而过度增加精料。

（十六）瘤胃臌气

瘤胃臌气是指由于奶牛食入大量的发酵饲料，饲料在瘤胃和网胃中发酵产生大量气体，且气体不能以嗳气排出而蓄积于胃内，致使瘤胃体积增大而引起瘤胃消化机能紊乱。

本病的显著特征是肚腹臌胀，瘤胃叩诊呈鼓音。

预防本病，主要是防止食入大量易发酵饲料、变质饲料。

当瘤胃臌气严重而危及生命时，应立即用 16～18 号封闭针头穿刺瘤胃，放出气体。

因食入过量豆科植物发病者（属于泡沫性臌气），可经套管针筒注入 300～500 毫升花生油、豆油等；或注入制酵膏（鱼石脂 20～25 克、松节油 50～60 毫升、酒精 100～150 毫升）；也可用二甲基硅油 5～10 克、酒精 100～200 毫升，混合，一次灌服。

因过食精料发病的奶牛（属于非泡沫性臌气），可用氧化镁 50～100 克的水溶液或新鲜澄清的石灰水1 000～3 000毫升，灌服。

（十七）创伤性网胃炎

本病是由于奶牛误咽草料中混进的金属异物（铁钉、铁丝等）造成网胃穿孔所致。

奶牛表现采食突然减少，多取站立姿势，不愿走动。卧下后不愿站起。站立时拱背，肘突外展，肘部肌肉震颤。驱赶到斜坡时，愿上坡，不愿下坡。

预防本病关键是杜绝金属异物混入饲草中，对混入饲草中的异物可用磁铁吸出，也可给牛佩戴磁铁牛鼻环，或向牛胃投入特制的预防性磁铁。在饲草来源比较复杂时，最好用恒磁吸引器（已有定型产品）定期清除牛网胃内的金属异物。

对发病奶牛可采用抬高疗法，将牛前躯升高，以减轻网胃承受的压力，促使异物由网胃壁推出。具体方法是将前腿站立的位置抬高 15～20 厘米，同时每日肌内注射青霉素 300 万国际单位，链霉素 4～5 克，连用 3～5 天。

当上述方法不能奏效时，可作瘤胃切开术，探查和取出网胃内异物。

（十八）奶牛球虫病

1. 简介 球虫病是由艾美耳属的球虫寄生于牛的肠道内破坏肠道黏膜，引起肠管发炎和上皮细胞崩解的原虫性寄生虫病，奶牛多发生于犊牛阶段，其中喝奶、断奶后不久的犊牛发病率更高；成年母牛常是带虫者。典型症状是拉稀带有或多或少的血。

2. 诊断

（1）主要症状

①典型症状　排出水样血性稀便是本病的特征。随着病程的发展，体温升高至39.5℃以上，反刍停止，肠蠕动音增强，食欲减退甚至废绝，犊牛消瘦，喜卧，眼窝塌陷，后肢及尾部被粪便污染，有时可见带血稀粪中混有纤维性薄膜，恶臭，且里急后重症状十分明显。病后期，体温降低至37.5℃以下，虚弱，极度消瘦，心律紊乱，脱水加重。排出粪便呈黑褐色，几乎全部是血，排粪失禁，个别犊牛会表现神经症状。

②非典型症状　在球虫病流行的牧场，群养的犊牛在患球虫病后多数表现的症状都不是十分明显，其主要症状为粪便松软，体况差，生长缓慢，在粪便中很少有血液和黏液，较严重者可看见会阴、尾巴和飞节被粪便污染。另外，有些病牛，典型症状出现前2～3天，开始体温升高、不喝奶，而后表现出慢性或急性的症状；7～12月龄的小育成牛，多表现为拉稀，带有出血点；大育成牛，有的表现为成形的粪便表面包有一层鲜红鲜血；有的表现为稀粪伴有黏膜和鲜血；产奶母牛，粪便比正常粪便稍稀，成粉红色，含血均匀。

（2）病理剖检　病死犊牛尸体极度消瘦，可视黏膜苍白。肛门开张、外翻。肠黏膜广泛性出血、肿胀，特别是盲肠黏膜出血尤为严重，直肠内充满黑色粪便，内含大量黏膜碎片和纤维素性假膜，并有血凝块。肠系膜淋巴结肿大。

（3）卵囊检查

①刮取直肠黏膜，与甘油和等量盐水混合，取混合液12滴于载玻片上加盖玻片，于显微镜下观察，发现有少量的椭圆形卵囊。

②另取新鲜带血粪便，放于烧杯内，加入15倍饱和盐水，搅匀。将粪水用两层纱布过滤到另一烧杯内静置10分钟。用金属圈蘸取粪水液膜于载玻片上，加盖玻片，于显微镜下观查，发

现多量的圆形、椭圆形卵囊，虫卵中央有一深褐色的圆形物，周围透明，整个卵囊外面有双层壳膜。

3. 防治

(1) 治疗　首先要及时补水、补液，否则血管下陷。药物治疗可选用

盐酸氨丙啉配合土霉素片内服。每头犊牛每次内服盐酸氨丙啉 2 克，土霉素片 0.25 克×4 片，一天 2 次，连用 6 天。

需要说明的是，这种病耐药性产生得快，药品需要不断轮流更换。当犊牛表现出代谢性酸中毒时，可用 5%的碳酸氢钠 100 毫升静脉注射。当犊牛大量失血、卧地不起时，除补液外，还应立即输血，一次可输 500 毫升。

(2) 预防

①建立消毒制度，并持之以恒地贯彻下去。犊牛从单独饲养场地转出后，该场地必须经过严格、彻底的消毒后才能转入新的犊牛；犊牛集中饲养的场地要保持每周用 2%～3%的烧碱消毒一次。

②合理预防用药，控制球虫病的发生。在奶或料里添加药物内服，收效明显。

③加强环境卫生管理，防止球虫卵囊污染。

(十九) 犊牛病毒性腹泻

1. 简介　犊牛病毒性腹泻是一种发病率高、病因复杂、难以治愈、死亡率高的疾病。临床上主要表现为伴有腹泻症状的胃肠炎、全身中毒和机体脱水。

轮状病毒和冠状病毒在犊牛出生后初期的犊牛腹泻发生中，起到了极为重要的作用，病毒可能是最初的致病因子。虽然它并不能直接引起犊牛死亡，但这两种病毒的存在，能使犊牛肠道功能减退，极易继发细菌感染而引起严重的腹泻。另外，气温突变、饲养管理失误，卫生条件差等对本病的发生，都有明显的促

进作用，犊牛下痢尤其多发于集约化饲养的犊牛群中。

2. 诊断

（1）主要症状

①本病多发于生后2～5天的犊牛，病程2～3天，呈急性经过。病犊牛突然表现精神沉郁，食欲废绝，体温高达39.5～40.5℃，病后不久，即排灰白、黄白色水样或粥样稀便，粪中混有未消化的凝乳块。后期粪便中含有黏液、血液、假膜等，变为褐色或血样，具有酸臭或恶臭气味。尾根和肛门周围被稀粪污染，尿量减少。约1天后，病犊背腰拱起，肛门外翻，常见里急后重，张口哞叫，常因脱水衰竭而死。单纯性的轮状病毒感染犊牛排出黄色水样粪便。

②本病可分为败血型、肠毒血型和肠型。败血型主要见于7日龄内未吃过初乳的犊牛。为致病菌由肠道进入血液而致发的，常见突然死亡。肠毒血型主要见于生后7日龄吃过初乳的犊牛，致病性大肠杆菌在肠道内大量增殖并产生肠毒素，肠毒素吸收入血所致。肠型（白痢）最为常发，见于7～10日龄吃过初乳的犊牛。

（2）实验室诊断　在犊牛发病和腹泻24小时内采集粪便样品，立即送往实验室进行确诊。

3. 防制

（1）治疗　治疗是非特异性的。

①主要的治疗措施是输液疗法，用于校正代谢性酸中毒和低血糖，改变脱水的情况。常用配方：6％低分子右旋糖酐、生理盐水、5％葡萄糖、5％碳酸氢钠各250毫升，氢化可的松100毫克，维生素C10毫升，混溶后给犊牛一次静脉注射。轻症每天补液1次，重危症每天补液2次。补液速度以30～40毫升/分为宜。

口服补液的方法有一定的疗效，这要由犊牛肠黏膜损伤的程度而决定。常用配方：氯化钠3.5克，氯化钾1.5克，碳酸氢钠

2.5 克，葡萄糖 20 克，加常水至 1 000 毫升。

②应用抗生素防治继发感染。通过药敏试验，选出敏感药物后，再行给药，临床上常选用下列药物治疗本病：

氟哌酸，犊牛每头每次内服 2.5 克，每日 2～3 次。

也可用庆大霉素、氨苄青霉素等。

（2）预防

①在本病发生严重的地区（奶牛场），应考虑给妊娠母牛注射轮状病毒和冠状病毒疫苗。给孕母牛接种叫后，能有效地控制犊牛下痢症的发生。

②犊牛出生后 1 小时内，应吃进足量高水平的初乳。

③保持犊牛生活环境干净、干燥，坚持经常对犊牛栏、饲喂用具消毒。

（二十）犊牛大肠杆菌病

1. 简介 犊牛大肠杆菌病，也叫犊牛白痢，主要由一些血清型不同的大肠杆菌引起。常发生于生后 10 日龄以内的犊牛，特别是生后 1～3 天，凡能引起犊牛抵抗力降低的各种因素，都能诱发本病。主要是通过消化道，其次是脐部感染，部分是通过呼吸道感染。病原存在于污染的垫草、奶桶、犊牛粪便中。

2. 诊断

（1）主要症状 根据发病机理和临床上的表现，常把犊牛大肠杆菌病分以下三种类型：败血型、肠毒血型、肠型。

①败血型常在出生后 4 天内发病，呈急性过程，常于发病后数小时或1～2 天死亡，死亡率可达 80％以上，有时不见腹泻。耐过败血时期的犊牛，1 周后可能出现关节炎、脑膜炎或脐炎。

②肠毒血型病程短促（2～6 小时），很难见到症状而突然死亡。

③肠型临床较为多见。以最先出现腹泻症状为特征。起初排出的粪便淡黄色，粥样和恶臭，继而出现水样，呈浅灰白色，污

染后躯及腿部，常有腹痛，用后腿踢腹。后期高度脱水、衰竭及卧地不起，有时出现痉挛。如不及时治疗，一般经 1～3 天死亡。

（2）实验室诊断　在犊牛发病和腹泻 24 小时内采集粪便样品，立即送往实验室进行确诊。

3. 防制

（1）治疗　治疗本病的原则是补液和抗菌。

①及时补充水和电解质，常用等渗葡萄糖氯化钠液、0.9%氯化钠液和林格氏液等，补液量要足。口服补液盐也可应用，饮用或灌服。为防止酸中毒，可静脉注射 5%碳酸氢钠液 100～150 毫升。

②抗生素应用前应做药敏试验，选用高敏性的药物。可选用庆大霉素每千克体重1 000～1 500单位，1 日 3 次，肌内注射；硫酸新霉素每千克体重 20～30 毫克，2～3 次内服；强力霉素每千克体重 1～3 毫克，内服；金霉素每千克体重 10～30 毫克，分 2～3 次内服。也可选用新霉素、链霉素等。

（2）预防

①犊牛出生后 1 小时内，应吃进足量高水平的初乳。

②保持犊牛生活环境干净、干燥，坚持经常对犊牛栏、饲喂用具消毒。

（二十一）犊牛腹泻

1. 简介　犊牛腹泻是由于吃奶过多或吃进酸败、变质牛乳，临床呈现消化不良或拉稀的一种犊牛常见病。以 1 月龄犊牛多见。

喂奶量过多，或喂了变质、酸败的牛奶，致使犊牛发病；也常见于犊牛食入精料过多后发病；突然变更饲养员及喂乳温度或数量不定而发病；运动场泥泞，犊牛舍潮湿、喂奶用具（奶罐、奶桶）不清洗，犊牛喝进污水等；气候骤变，寒冷，阴雨潮湿等；缺硒可引起犊牛缺硒性腹泻。

2. 诊断 发病犊牛排出灰白色、水样、腥臭、稀便为特征。有的粪内带有黏液或呈血汤样，肛门周围、尾根常被粪便污染；食欲减退或废绝，低头，紧缩腹部，伴体温升高者，浑身发抖，腹泻时好时坏，病程长者肷部凹陷，消瘦明显；步态蹒跚，喜卧而不愿行走，见肛门附近及坐骨节处被毛脱落。如伴有沙门氏菌、大肠杆菌感染，腹泻更为严重，出现脱水、酸中毒和肺炎症状。缺硒的犊牛除腹泻外，还表现出白肌病、四肢僵硬、震颤、无力。

3. 防治

（1）治疗 治疗应根据全身状况，如有无体温、脱水和酸中毒，以及有无食欲等而分别采取不同方法。

①一般性腹泻可停止喂奶 1 天，用口服营养补液盐 200 克，加水4 000毫升，每次灌服1 000～2 000毫升，每天灌 2～3 次。

②腹泻有食欲者，可用磺胺脒、苏打粉各 4 克、乳酶生 1 克，1 次内服，每日 2～3 次。

③拉稀伴臌胀者，可用氧化镁 2 克，1 次内服，日服 2 次。

④粪中带血者，可先灌服液体石蜡 100～150 毫升，使其肠道清理后，再灌服磺胺脒、苏打粉各 4 克。

⑤当伴有体温升高、脱水明显时，应及时补充电解质、补碱、补糖和应用抗生素。处方：葡萄糖生理盐水1 000～2 000毫升、5%碳酸氢钠液 50～100 毫升，20%葡萄糖液 250 毫升，四环素 100 万单位，1 次静脉注射，每天 2～3 次。

⑥缺硒犊牛可用 0.1%亚硒酸钠液 5～10 毫升，1 次肌内注射，隔 10～20 天重复注射 1 次，共注 2～3 次。

（2）预防

①加强饲养管理，坚持犊牛饲喂操作规程，喂奶要做到“四定”：定温、定时、定量、定人，不喂发酵变质牛乳。

②保持犊牛生活环境干净、干燥，坚持经常对犊牛栏、饲喂用具消毒。

第六章 奶牛粪尿处理及环境控制

随着我国奶牛业的迅速发展，奶牛养殖场已经成为我国城郊、农村污染的主要来源之一，已经引起社会广泛关注。为建设社会和谐、环境友好的新乡镇，促进奶牛业可持续发展，本章按照无公害的要求，介绍奶牛粪尿处理和奶牛场环境控制的方式和方法。

一、奶牛场污染物对环境的影响

（一）奶牛污染物产生量

奶牛场排放的污物包括牛粪尿、牛圈冲洗水、挤奶消毒水及奶罐清洗水等。对于奶牛的粪尿量以及奶牛养殖业排放的废水量，由于饲养方式、管理水平、畜舍结构、漏缝地板的形式和清粪方式等不同而差异较大。各阶段奶牛日排泄物如表 6-1。

表 6-1 奶牛粪尿排泄量（千克/日，鲜重）

牛群种类	体重（千克）	粪量	尿量
泌乳牛	550～600	30～50	15～25
干奶牛	400～600	20～35	10～17
育成牛	200～300	10～20	5～10
犊　牛	100～200	3～7	2～5

注：摘自中国农业出版社王峰主编的《高产奶牛绿色养殖新技术》。

(二) 奶牛污染物对环境的影响

奶牛养殖场中高浓度、未经处理的污水和固体粪便被降水淋洗冲刷，进入自然水体后，使水中固体悬浮物、有机物和微生物含量升高，改变水体的物理、化学和生物群落组成，使水质变坏。粪污中含有大量的病原微生物将通过水体进行扩散传播，危害人畜健康。此外，粪污中有机物的生物降解和水生生物的繁衍大量消耗水体溶解氧，使水体变黑发臭，水生生物死亡，发生水体“富营养化”，这种水体不可能再得到恢复。

粪污未经无害化处理直接进入土壤，粪污中的蛋白质、脂肪、糖等有机物质将被土壤微生物分解。如果污染物排放量超过了土壤本身的自净能力，便会出现降解不完全和厌氧腐化，产生废气物质和亚硝酸盐等有害物质，引起土壤的组成和性状发生改变，破坏其原有的基本功能；导致土壤空隙阻塞，造成土壤透气、透水性下降及板结，严重影响土壤质量，使作物徒长、倒伏、晚熟或不熟，造成减产，甚至毒害作物使之出现大面积腐烂。土壤的污染还容易引起地下水污染。

奶牛养殖场产生的废气、粉尘和微生物排入大气后，可通过大气的气流扩散、稀释、氧化和光化学分解、沉降、降水降解、地面植被和土壤吸附等作用而得到净化，但当污染物的排放量超过大气的自净能力时，将对人和动物造成危害。由奶牛养殖场排出的大量粉尘，携带数量和种类众多的微生物，并为微生物提供营养和庇护，大大增强了微生物的活力，延长了其生存时间。这些尘埃和微生物可随风传播 30 千米以上，从而扩大了污染和危害的范围。

二、奶牛养殖场污染防治原则和途径

(一) 奶牛养殖污染防治基本原则

1. 减量化原则 通过开展清洁生产减少奶牛粪污的生产量，

可以从奶牛养殖场生产工艺改进入手，采取“清污分流、粪尿分离”，如通过雨污分离、干湿分离、饮排分离等手段减少污染物的产生数量；采取用水量少的干清粪工艺，减少污染物的排放总量，降低污水中的污染物浓度，从而降低处理难度，同时也可使固体粪污的肥效得到最大限度的保存和利用。也可以从饲喂的角度出发，通过改进饲料的加工方法或在饲料中添加酶制剂等手段，提高奶牛对饲料的消化率和利用率，以减少奶牛的粪尿排泄量和氮、磷的排放量。

2. 资源化原则 奶牛粪便同许多工业污染不同，奶牛粪便是一种有价值的资源，经过处理后，可作为肥料、燃料等，具有很大的经济价值。在绿色食品、有机农业呼声日益高涨的今天，利用好奶牛粪尿资源，不仅可以减轻对环境的污染，还可以提高土壤有机质的含量，提高土壤肥力，进而提高农产品品质，增加产品竞争力。也就是说，奶牛粪尿是宝贵的资源，要提倡奶牛粪便资源化和综合利用的办法，坚持以利用为主，利用与污染治理相结合的原则。

3. 无害化原则 奶牛粪便在资源化利用时，必须注意无害化问题，因为奶牛粪便含有大量的病原体，会给人、畜带来潜在的危害，故在利用之前要进行粪便和污水无害化处理，使其在利用时不会对家畜的生长带来不利的影响，不会对作物产生不利的因素，排放的污水和粪便不会对地下水和地表水产生污染等。

4. 生态化原则 加强农牧结合，既可减轻奶牛粪便对环境的污染，又可为绿色食品及有机食品的生产提供基础保障，进而提高产品质量和经济效益。奶牛粪便堆肥是养殖业粪便生态化利用的良好例证，奶牛粪便经堆肥处理后可称为优质的有机肥料。使用有机肥可提高土壤有机质及其肥力，改良土壤结构，并能维持农作物长期优质高产，同时实现生态系统的良性循环。

（二）减少奶牛粪尿污染的措施

1. 正确选择奶牛场场地 奶牛养殖场场址选择应注重牛场粪便就地消化的可行性，及与周边环境和人群的相互影响。

2. 在规模化养殖场中，积极推行干清粪工艺 干清粪工艺是粪便一经产生便分流，干粪由机械或人工清扫、集中、运走，尿及污水则从下水道流出，分别进行处理。干清粪工艺可保持奶牛舍内清洁，空气卫生状况较好，有利于动物和饲养人员的健康；产生的污水量少，且其中的污染物含量低，易于净化处理；固态粪便含水量低，粪中营养成分损失少，肥料价值高，便于高温堆肥或其他方式的处理利用。

3. 固定的粪便贮存 奶牛养殖场必须设置粪便固定贮存设施和场所，贮存位置必须远离各类功能地表水体及奶牛活动区域，应设在养殖场生产及生活管理区的常年主导风向的下风向或侧风向处。贮存粪便设施要有防止粪便渗漏、溢流的措施，以免奶牛粪便污染地下水。贮存设施应有防止降水进入的措施。对于农牧结合的养殖场，奶牛粪便贮存设施的容积，不得低于当地农林作物生产用肥的最大时间间隔内本养殖场所产生的粪便总量。

4. 改进饲料配方与管理 饲料被动物摄入后，动物对各种成分的利用率越高，则排泄物中的营养含量就越低，对环境的污染就越小。同时，也可以节省饲料，减少对各种资源的消耗，降低养殖成本。对发霉变质的干草、青贮料和剩余变质的饲料要妥善处理，采取曝晒、深埋或焚烧等措施，防止扩散。

（三）奶牛污染物处理模式

奶牛污染物处理有许多模式，现仅介绍一种新型实用的模式。该模式利用生态工程技术将奶牛粪尿处理与污水资源化利用结合起来，不仅解决了环境问题，同时也充分利用了资源，是一种值得倡导的模式，如图 6-1。

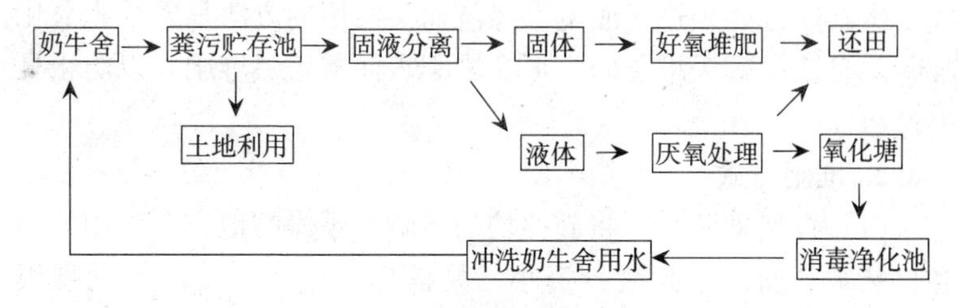

图 6-1　生态工程模式流程

奶牛粪污处理必须坚持农牧结合的原则，经无害化处理后充分还田或利用，实现粪污资源化利用。如有足够的农田，则经厌氧处理后的污水可作为农田液肥直接利用，而不需要再进行处理。

三、奶牛粪便处理技术

（一）堆肥技术

1. 堆肥生产工艺　现代化的堆肥生产通常由前处理、主发酵、后发酵、脱臭和贮存等工序组成。

（1）前处理　前处理的主要任务是调整水分和碳氮比，有时需要添加菌种和酶制剂，以促进发酵正常进行。

（2）主发酵阶段　通过翻堆或强制通风向堆积层给氧气。露天堆肥或在发酵装置内堆肥时，因原料和土壤中存在的微生物作用而开始发酵，微生物吸取有机物质的碳、氮等养分，在合成自身细胞质的同时，将自身细胞中吸收的物质分解而产生热量。

（3）后发酵阶段　后发酵阶段即堆肥腐熟阶段，经过主发酵的半成品被送到后发酵工序，将主发酵工序尚未分解的有机质进一步分解，使之变成腐殖酸、氨基酸等比较稳定的有机物，得到完全成熟的堆肥产品。

（4）脱臭和贮存　在堆肥工艺过程中，每个工序系统都有臭气产生，因此必须进行脱臭，经济而又实用的方法是熟堆肥氧化吸附除臭法。露天堆肥时，可在堆肥表面覆盖熟堆肥，以防止臭气逸散。

2. 堆肥方式

（1）自然堆肥法　将粪便均匀摊晒在干燥的地方，利用太阳和自然被动通风。此法投资小，易操作，成本低，但处理规模小，占地大，干燥时间长，易受天气影响，阴雨天难以晒干脱水，干燥时产生臭味、氨挥发严重、肥效低、易产生病源微生物。因此，不能作为规模化奶牛场的主要处理方法。

（2）静态主动供氧堆肥　混合堆肥物料成条垛堆放，通过人工或机械设备对物料进行不定期的翻堆。条垛的高度、宽度和形状完全取决于物料的性质和翻堆设备的类型。供氧是通过翻堆促使气体交换来实现的，同时通过自然通风使料堆中的热气消散，粪便有机物静置堆放3～5个月即可完全腐熟。此法成本低，但占地面积大，处理时间长，易受天气的影响，易对地表水及地下水造成污染。

（二）厌氧生物处理技术

1. 厌氧生物处理工艺　厌氧生物处理工艺所用厌氧消化池属于完全混合型反应器，借助于消化池内部的厌氧活性污泥来净化有机污染物。

污物收集池的污水定期或连续加入消化池，经过与池中原有的厌氧活性污泥混合接触后，通过厌氧微生物的吸附、吸收和生物降解作用，使其中的有机污染物转化为以甲烷和二氧化碳为主的气体。经消化的污泥和污水分别由消化池底和上部排出，所产的沼气则从顶部排出。

普通消化池的特点是在一个池内实现厌氧发酵反应、液体与污泥的浓缩和分离。进料大部分是间断进行，也可以连续进料。为了使进料和厌氧污泥密切接触而设有搅拌装置，一般情况下每隔 2～4 小时搅拌一次。在排放消化液时，通常停止搅拌，待沉淀分离后从上部排出上清液。

2. 厌氧生物处理产物的综合利用

（1）沼气综合利用　沼气的主要成分是甲烷和二氧化碳，还含有少量的其他气体，作为一种优质的气体燃料，可以供农户烧水、做饭、取暖等。沼气除用做生活燃料以外，还可以生产供能。奶牛场的沼气工程规模较小，通常将制取的沼气用做奶牛场职工家属宿舍、食堂等燃料使用。也可以用沼气来发电，以补充电力的不足。

（2）沼液综合利用　长期使用沼液肥料可促进土壤团粒结构的形成，使土壤疏松，增强土壤保水保肥能力，改善土壤理化性状，使土壤有机质、总氮、总磷及有效磷等养分均有不同程度的提高。使用沼液对农作物病虫害不仅有防治和抑制作用，而且减少污染、降低了用肥成本。

（3）沼渣的综合利用　沼渣含有较全面的养分和丰富的有机质，是优质的有机肥料，可以做基肥，也可以追肥。用沼渣做基肥比用沼液和化肥做基肥培肥土壤的效果要好得多，还可以使农作物和果树在整个生育期内基本不发生病虫害。沼渣还吸附着较多的有效养分，具有缓速贮备的优点。同时，沼渣还具有改良土壤的作用，使用沼渣可以培肥地力、改良土壤、减少土壤板结。此外，沼渣晒干后可做牛床垫料。

四、奶牛养殖场环境控制技术

（一）废气的产生及危害

奶牛场有味气体来源于多个方面，如动物呼吸、动物皮肤、饲料、动物粪尿和污水等。其中，动物粪尿和污水在堆放过程中有机物质的腐败分解是奶牛场气味的主要来源。动物从饲料中吸收养分，同时将未消化的养分以粪便的形式排出。动物粪尿是含有多种成分的复杂化合物，这些化合物是微生物繁殖生长的营养来源，它们在有氧条件下会彻底氧化，不会产生臭气。但在厌氧条件下，这些物质被微生物消化降解，产生各种带有气味的有害气体。和动物粪尿一样，污水在厌氧条件下也会产生有味气体。

奶牛场粪尿、废气物所产生的废气，会对周围环境造成污染，成为家畜传染病、寄生虫病和人兽共患疾病的传染源。由奶牛舍和粪污堆肥场、贮存池、处理设施产生并排入大气的废气，除引起不快、产生厌恶感外，废气的大部分成分对人和动物有刺激性和毒性。吸入某些高浓度的废气可引起急性中毒。此外，动物长时间吸入废气会改变神经内分泌功能，降低代谢机能和免疫功能，使生产力下降，发病率和死亡率升高。

（二）废气的改进技术及治理方法

1. 废气的改进技术 饲料是奶牛排泄污染的主要源头，改善饲料品质是控制奶牛场污染的手段之一。实践证明，奶牛舍内产生的臭气主要是由于日粮中营养物质消化吸收的不完全造成的。因此，从治本的角度出发，应采用多种方法，提高奶牛对饲料营养物质的消化率和利用率，以降低日粮中蛋白质含量，减少臭气的排放。

可以通过以下手段：一是通过改进饲料的加工方法或添加蛋白酶等手段，提高饲料中蛋白质消化率；二是通过调节饲料中氨基酸的平衡，以降低粗蛋白含量水平来达到减少奶牛粪尿中氮的排出；三是在饲料中添加臭气吸附剂，以减少臭气的排放；四是通过添加环保添加剂及微生物制剂等，降低排泄物中所含的营养成分和有害成分，减少臭气的产生。

2. 废气的治理方法

（1）吸附法 气体被附着在某种材料外表的过程称为吸附。吸附的材料取决于材料的面积和质量，此外吸附的效果还取决于被处理气体的性质。在奶牛养殖场，可以向奶牛舍投放吸附剂来减少气味的散发，常见的吸附剂有锯末、膨润土等。在农村地区，可通过向奶牛舍中添加含有纤维素和木质素较多的植物残体，以吸附产生的部分氨气。

（2）生物除臭法　可通过控制微生物的生长，减少有味气体的产生。生物助长剂包括：活的细菌培养基、酶或其他微生物生长促进剂等。通过这些生物助长剂的添加，可加快奶牛粪便降解过程中有味气体的生物降解过程，从而减少有味气体的产生。生物抑制剂的作用却相反，它是通过抑制某些微生物的生长，以控制或阻止有机物质的降解进而控制气味的产生。

五、奶牛场粪污无害化综合处理案例

（一）奶牛场粪污无害化处理和资源化利用要解决的问题

1. 牛粪收集贮运技术体系　目前，多数奶牛场和奶牛小区实行的是运动场和牛舍干捡粪，而挤奶厅粪污水冲、三级沉降工艺，这是一种比较落后的方式。其缺点有二：一是劳务用工较多，集粪效率低，粪污无害化处理速度慢，导致牛粪在牛舍或牛场内外大量堆积；二是污水没有得到有效处理，达标率低下。

2. 粪污无害化处理工艺　目前，多数实行的是干粪堆积发酵或者直接出场销售，污水通过氧化塘进行发酵，初步处理后进行排放。这种方式没有做到固液分离、雨污分开，有限的氧化塘仅为摆设，难以达到排放标准。

3. 有机肥生产技术和工艺　结合花卉、蔬菜、果树等特色经济作物生长需要和当地土壤条件，按照测土施肥原理探索开发有机肥生产工艺；将沼液生产成液体专用有机肥，如滴灌肥、叶面肥、无土栽培营养液等，固体则经过堆肥发酵、测土配方、复合添加、烘干制粒、定量包装等生产固体有机肥，是一条具有潜在价值的技术路线，这不仅可以解决奶牛场自身污染，也可满足市场对有机肥的迫切需要，进行商业化开发，促进奶牛养殖业和种植业紧密结合，提高综合经济效益。

（二）粪污无害化处理思路

实施从粪污的科学高效收集入手，通过相关设施的建设和设备的安装及处理技术的实施，使其进行固液分离、沼化生产进而利用沼气发电，在此基础上，沼渣作为牛床垫料循环使用，多余部分和沼液分别作为主要原料生产专用有机肥，从而促进养殖业和种植业的良性循环。

（三）粪污无害化处理方案

1. 产品方案 粪污无害化处理主要有以下技术产品：

（1）固体有机肥，包括花肥、菜肥和果肥。

（2）液体有机肥，包括花卉、蔬菜和果树的冲施肥、液面喷施肥、滴灌肥和无土栽培营养液。

（3）沼气、电力等生物质能源。

（4）牛床垫料。

2. 技术及设备方案 为了有效实施粪污无害化处理和循环利用，必须对技术方案做出周密安排。

（1）对牛场布局进行合理规划，并对粪污收集路线进行全面分析，建造与奶牛场规模相匹配的集粪池、调节池、沼气罐和曝气池，采购的相关设备要与其进行配套。

（2）对奶牛运动场应进行合理分区和平整，改造四轮车为带刮板的专用清粪车，进行机械清理牛粪。同时对运动场、挤奶厅排水管道系统应进行疏通完善，确保雨污分离，并制定节水措施，减少污水处理量。

（3）为了确保项目实施，提高积粪效率和降低劳动强度，在牛舍安装全自动刮板清粪系统和循环水冲系统，在集粪池一端安装固液分离系统，这是实现牛舍自动清粪和无害化处理的先决条件。

（4）配套安装沼气发酵罐以及沼气发电系统，完成奶牛场粪污沼气发电设备安装和调试，提高沼气罐生产和发电机组的效率。首先，经固液分离的牛粪污水输入沉淀池，经格栅清除沉渣和杂草后，泵入预处理池，升温调整 pH 达到中性，并调节成干物质浓度为 8%～12%的粪水料液，泵入沼气罐，在 35～38℃恒定温度、连续搅拌条件下进行厌氧反应，反应期为 20 天。其次，沼气经脱硫、脱水等净化系统处理后，采用热电联产发电机发电，将生产的沼气全部转化为电能。这些能量基本可满足奶牛场固液分离机、沼气池进料、出料和搅拌机日常能源需要，从而实现能源的自给自足，达到节能环保目的。

（5）为了进一步利用好沼液，引进安装厌氧消化液有机复合肥生产线，可最终实现沼液和沼渣的有机肥生产和商业化。同时，对沼渣进行晒干或烘干，可制成优良的牛床垫料，回填牛床，提高奶牛的舒适度，实现资源的循环高效利用。

（6）为了彻底解决污水的达标排放，必须兴建相应的曝气池（氧化塘），对液体部分进行曝气处理，部分做循环水利用，部分达标排放。多余污水应送达污水处理厂处理，不可随意排放污染环境。

（四）相关技术环节的生产工艺流程

1. 奶牛场粪污收集、分离和无害化处理工艺流程 见图 6-2。

从图 6-2 可见，粪污无害化处理工艺包括以下工作：

（1）牛舍粪尿通过刮粪、水冲收集牛粪到集粪池。

（2）集粪池搅拌后提升至固液分离机进行固液分离。

（3）固体部分进行堆肥发酵，并进而复配生产固体有机肥。

（4）液体部分经过调节后进入沼气罐厌氧发酵；多余部分进入曝气池进行有氧发酵，有氧发酵结束经沉淀处理，上清液作为

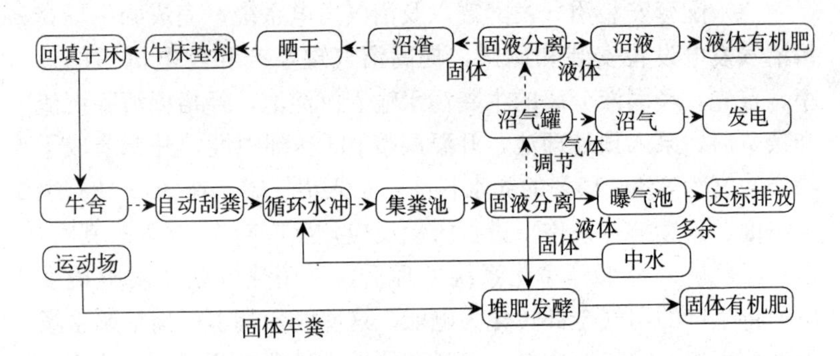

图 6-2　奶牛场粪污无害化处理工艺流程

冲刷牛粪的循环水利用；其余废水转运至污水处理厂进行无害化处理，达标后排放。

(5) 沼气池厌氧发酵结束，收集沼气并进行沼气发电，补充场内能源。

(6) 沼气池内容物再经过固液分离机进行固液分离。

(7) 沼渣干制成牛床垫料铺垫牛床。

(8) 沼液经液体有机肥生产工艺加工成液体有机肥。

2. 有机肥生产工艺流程

(1) 固体有机肥生产工艺　固体有机肥生产工艺相对简单，固体牛粪经过堆肥、翻晾、烘干、粉碎、复配、制粒、包装即可制成各类植物的固体颗粒有机肥，提高牛粪的附加值。

(2) 液体有机肥生产工艺流程　见图 6-3。

从图 6-3 可见，沼液经过预发酵、酸化、过滤、络合、复配等技术，即可加工成为蔬菜、花卉、果树所需的叶面肥、冲施肥、滴灌肥和无土栽培营养液等。

天津市海林奶牛养殖场 2008 年经过标准化改造，可容纳 1 000头奶牛饲养，现饲养奶牛 700 余头，是国家奶牛产业技术体系农业部奶牛综合试验站，也是天津市奶牛养殖示范园区、奶

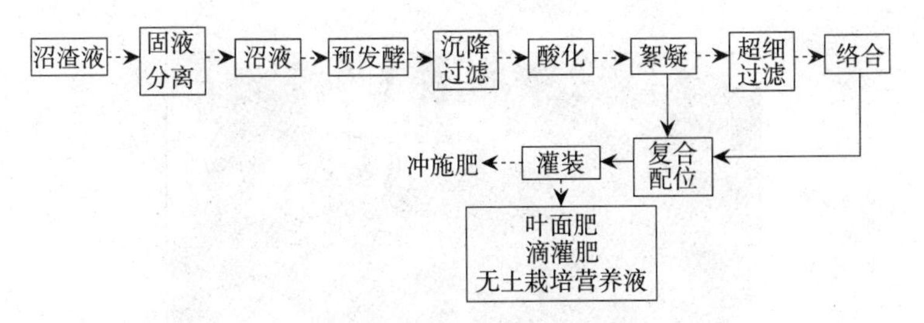

图 6-3　液体有机肥生产工艺流程

牛种业试验基地以及农业部循环经济项目建设单位。2009 年从德国引进了全自动刮板清粪系统、循环水冲系统和固液分离系统等设备；牛舍粪污由全自动刮板自动清理和循环水冲相结合，进入集粪池和固液分离系统；运动场牛粪实行机械干清粪收集。2010 年配套安装了沼气发酵罐以及沼气发电系统，牛粪污水经格栅清除沉渣和杂草后，进入沼气池厌氧反应，生产沼气和发电，基本实现了粪污的无害化处理和资源的高效利用。2011 年和 2012 年，进一步引进了厌氧消化液有机复合肥生产线，并已完成安装和调试，为今后开展沼液和沼渣的有机肥开发生产和商业化利用创造了条件。图 6-4 至图 6-13 显示了该场粪污无害化处理的情况。

图 6-4　天津市海林奶牛养殖场标准牛舍

图 6-5　自动刮粪循环水冲系统

图 6-6　夏、冬季积粪池

图 6-7　固液分离系统

图 6-8　杂草筛分及沼气发酵系统

图 6-9　沼气脱硫、发电系统

图 6-10　液体有机肥生产车间

图 6-11　有机肥堆肥车间

图 6-12　固体沼渣晒干做牛床垫料

图 6-13　牛粪做成垫料回填牛床，提高奶牛舒适度

参 考 文 献

丁伯良，等．2011. 奶牛乳房炎．北京：中国农业出版社．

梁学武．2002. 现代奶牛生产．北京：中国农业出版社．

孟继森，张国伟．2004. 农村奶牛养殖七日通．北京：中国农业出版社．

孟庆翔．2001. 奶牛营养需要．北京：中国农业大学出版社．

米歇尔·瓦提欧著（美）．2004. 施福顺，石燕，译．奶牛饲养技术指南．北京：中国农业大学出版社．

朴范泽．2009. 兽医全攻略．牛病．北京：中国农业出版社．

田振洪，孙国强．2004. 工厂化奶牛饲养新技术．北京：中国农业出版社．

王峰．2003. 高产奶牛绿色养殖新技术．北京：中国农业出版社．

王凯军．2004. 畜禽养殖污染防治技术与政策．北京：化学工业出版社．

威廉 C. 雷布汉（美）．1999. 奶牛疾病学．赵德明，沈建忠，主译．北京：中国农业大学出版社．

谢运，刘文奇．2003. 奶牛高产高效饲养管理新工艺．北京：中国农业大学出版社．

徐照学．2002. 奶牛饲养与疾病防治手册．北京：中国农业出版社．

张国伟．2010. 奶牛常见病诊治．天津：天津科技翻译出版公司．

A. H. Andrews，R. W. Blowey，H. Boyd，R. G. Eddy（英）．2006. 牛病学—疾病与管理．韩博，苏敬良，吴培福，王九峰，主译．北京：中国农业大学出版社．

Sara Brantmeier. 2003. Judging 101：A Beginner's Guide… Hoard's Dairy Man（publish in instalments）．

图书在版编目（CIP）数据

无公害奶牛标准化生产/樊航奇，张学炜主编．—2版．—北京：中国农业出版社，2013.10
（最受养殖户欢迎的精品图书）
ISBN 978-7-109-18364-3

Ⅰ.①无… Ⅱ.①樊…②张… Ⅲ.①乳牛－饲养管理－无污染技术－标准化 Ⅳ.①S823.9-65

中国版本图书馆CIP数据核字（2013）第222386号

中国农业出版社出版
（北京市朝阳区农展馆北路2号）
（邮政编码 100125）
责任编辑 颜景辰

北京通州皇家印刷厂印刷　　新华书店北京发行所发行
2014年1月第2版　　2014年1月第2版北京第1次印刷

开本：850mm×1168mm 1/32　　印张：7.75
字数：186千字
定价：26.00元